Bioremediation von Ca

Kezia Balena

Bioremediation von Cadmium unter Laborbedingungen

Bewertung des Potenzials von Hefen, die aus der Fermentation von regionalem Cachaça isoliert wurden, für die Bioremediation

ScienciaScripts

Imprint

Any brand names and product names mentioned in this book are subject to trademark, brand or patent protection and are trademarks or registered trademarks of their respective holders. The use of brand names, product names, common names, trade names, product descriptions etc. even without a particular marking in this work is in no way to be construed to mean that such names may be regarded as unrestricted in respect of trademark and brand protection legislation and could thus be used by anyone.

Cover image: www.ingimage.com

This book is a translation from the original published under ISBN 978-613-9-68281-2.

Publisher:
Sciencia Scripts
is a trademark of
Dodo Books Indian Ocean Ltd. and OmniScriptum S.R.L publishing group

120 High Road, East Finchley, London, N2 9ED, United Kingdom
Str. Armeneasca 28/1, office 1, Chisinau MD-2012, Republic of Moldova, Europe

ISBN: 978-620-8-20590-4

Copyright © Kezia Balena
Copyright © 2024 Dodo Books Indian Ocean Ltd. and OmniScriptum S.R.L publishing group

ZUSAMMENFASSUNG

DANKSAGUNGEN..3
ZUSAMMENFASSUNG..4
1 EINFÜHRUNG..6
2 RELEVANZ UND RECHTFERTIGUNG...20
3 ZIELSETZUNGEN...21
4 METHODIK...22
5 ERGEBNISSE...27
6 DISKUSSION..46
7 SCHLUSSFOLGERUNG...56
8 BIBLIOGRAFISCHE HINWEISE...57

"Bewertung des Potenzials von Hefen, die bei der Fermentation von Fermentation von Cachaça und regionalen ökologischen Nischen für ökologischen Nischen für die Bioremediation von Cadmium unter Laborbedingungen"

Kezia Pereira de Oliveira Balena

DANKSAGUNGEN

Meinem geliebten Bruder Jetro Pereira de Oliveira, der mir oft mehr als ein Vater war, indem er mich trotz vieler Schwierigkeiten finanziell unterstützte und mir weise Worte mit auf den Weg gab, weil er denselben Weg gegangen ist und die Dornen kennt, die es dort gibt.

Meiner Schwester Sara und meinem Schwager Ricardo, die immer ein offenes Ohr für mich hatten und mir Zuneigung schenkten, wobei die Entfernung kein Hindernis für die große Zuneigung war, die uns verbindet.

Meinem geliebten Ehemann Devair Balena Júnior dafür, dass er mich inspiriert hat, an meine Träume zu glauben, und mir geholfen hat, jeden Tag ein besserer Mensch zu werden.

Dem CDTN für die Bereitstellung der Einrichtungen und Ausrüstung zur Durchführung der Arbeiten. Vielen Dank an alle Mitarbeiter und Mitglieder des CDTN, die mir immer wieder geholfen haben.

Ich danke Gott für diesen Sieg, dafür, dass er mir immer den besten Weg gezeigt hat, dafür, dass er meine Gebete erhört hat, bei denen meine einzige Bitte darin bestand, dass ich jeden Tag mehr Demut und Weisheit haben möge, für meinen Glauben und mein Vertrauen, denn ohne seine göttliche Macht wären so viele Errungenschaften sicherlich unmöglich.

ZUSAMMENFASSUNG

Bewertung des Potenzials von Hefen, die aus der Cachaça-Gärung und aus regionalen ökologischen Nischen isoliert wurden, für die Bioremediation von Cadmium unter Laborbedingungen

Kezia Pereira de Oliveira Balena

ZUSAMMENFASSUNG

Im Gegensatz zu organischen Schadstoffen können Schwermetalle nicht chemisch abgebaut werden. Daher werden chemische und physikalische Sanierungsverfahren eingesetzt, um sie zu entfernen, bevor sie in die Gewässer gelangen. Die meisten dieser Verfahren sind wirksam, aber sie können wirtschaftlich nicht durchführbar sein oder das Problem verschlimmern, weil große Mengen chemischer Reagenzien benötigt werden. Die Zugabe von chemischen Reagenzien kann das Metall entfernen, schafft aber ein neues Problem mit der Entsorgung der Chemikalien. Die Bioremediation, bei der Mikroorganismen als biosorbierendes Material eingesetzt werden, wurde in mehreren Fällen erfolgreich angewandt.

Hefezellen können Metallionen auf der Zelloberfläche durch Adsorption anreichern, was ein passiver Prozess ist, oder das Metall aktiv absorbieren, das sich im Inneren der Zelle ansammelt.

In dieser Arbeit wurden mehrere biologische, physiologische und chemische Parameter untersucht, die für die Auswahl von Hefen wichtig sind, die für die Abscheidung von Cadmium aus wässrigen Medien verwendet werden können.

Pilze, Hefen und Bakterien zeigen, wenn sie ungünstigen Situationen ausgesetzt sind, eine Anpassungsreaktion, die es der Zelle ermöglicht, den Stress zu überleben. Normalerweise wird in solchen Situationen das Kohlenhydrat Trehalose synthetisiert. Wir haben festgestellt, dass die Anwesenheit von Cadmiumchlorid die Synthese von Trehalose auslöst; die Anhäufung dieses Kohlenhydrats spielt jedoch unter den untersuchten Bedingungen keine grundlegende Schutzfunktion.

Hefen können Cadmium in verschiedenen chemischen Formen aufnehmen. Die Verwendung verschiedener chemischer Cadmiumverbindungen wie Chlorid, Oxid, Acetat, Nitrat und Sulfat ermöglicht keine differenzierte Aufnahme des Metalls durch Hefen.

Hefestämme, die aus der Fermentation von Cachaça und aus der Region isoliert wurden, zeigten im Vergleich zu den Laborstämmen eine größere Toleranz gegenüber hohen Cadmiumkonzentrationen. Alle *Saccharomyces cerevisiae* (mit Ausnahme der Laborstämme) tolerieren eine Konzentration von 50 ppm Cadmiumchlorid für ihr Wachstum, während die Hefe *Starmerela meliponinorum* bei 100 ppm wächst. Der Laborstamm *Saccharomyces cerevisiae* verträgt nur 10 ppm Cadmiumchlorid für sein Wachstum. Hohe Konzentrationen von Cadmiumchlorid hemmen das Zellwachstum bei allen untersuchten Hefestämmen.

Der Cadmiumeinbau durch Hefezellen hängt von der Anfangskonzentration des Metalls im Medium und der Dauer der Exposition der Zellen gegenüber dem Metall ab. Vergleicht man kurze Zeiträume der Cadmiumexposition (3 Stunden) mit langen Zeiträumen (24 Stunden), so war der Cadmiumeinbau durch die Zellen größer, wenn die Zellen länger mit dem Metall in Kontakt blieben.

Bei lebenden Zellen hängt der Cadmiumeinbau davon ab, in welcher Wachstumsphase sich die Zelle befindet. Zellen in der stationären Phase nehmen weniger Cadmium auf als Zellen in der logarithmischen Phase des Wachstums.

Die Zunahme der Masse begünstigt die Aufnahme des Metalls nicht. Andererseits nehmen die durch Autoklavieren abgetöteten Hefen mehr Cadmium auf als lebende Hefen.

In dieser Arbeit wurden verschiedene Hefestämme verwendet. Wir verwendeten neun *Saccharomyces cerevisiae-Stämme*, die aus der Fermentation von Cachaça aus Brennereien im Bundesstaat Minas Gerais isoliert wurden, sowie sechs Hefestämme, die verschiedene Gattungen und Arten der Gattung *Saccharomyces* repräsentieren und aus regionalen ökologischen Nischen isoliert wurden. Wir konnten nicht feststellen, dass ein bestimmter Stamm eine wesentlich höhere Cadmium-Inkorporation aufwies als ein anderer. Die Ergebnisse sind ähnlich, was darauf hindeutet, dass die Fähigkeit lebender Hefen, Cadmium aufzunehmen, nicht eng mit der verwendeten Gattung oder Art verbunden ist.

Unsere Studien zeigten, dass Hefen, die aus der Fermentation von Cachaça isoliert wurden, und solche, die in der Region ausgewählt wurden, im Vergleich zu Laborstämmen *von Saccharomyces cerevisiae* eine höhere Cadmiumaufnahme aufwiesen.

Diese Arbeit zeigt, dass es möglich ist, Hefebiomasse zur Aufnahme von Cadmium aus kontaminierten Abwässern zu verwenden, ohne die Stämme, aus denen sie besteht, isolieren zu müssen, und nur die biosorbierenden und bioakkumulativen Eigenschaften der gesamten Hefebiomasse zu nutzen.

1 EINFÜHRUNG

In den letzten Jahrzehnten haben die Entwicklung und die rasche Industrialisierung zu ernsthaften Umweltproblemen geführt. Schwermetallhaltige Industrieabfälle werden ungeordnet deponiert und stellen eine große Gefahr für die Gesundheit und die Umwelt dar.

-3Schwermetalle sind chemische Elemente mit einem spezifischen Gewicht von mehr als 5 g.cm und gelten als "Spurenelemente", da sie in der Natur in wenigen Teilen pro Million (ppm) vorkommen (MATTIAZZO-PREZOTTO, 1994). Sie unterscheiden sich von anderen toxischen Stoffen dadurch, dass sie vom Menschen weder synthetisiert noch abgebaut werden. Die industrielle Tätigkeit, die auf die Herstellung neuer Verbindungen abzielt, hat die Beständigkeit dieser Metalle in den Erzen erheblich verringert und die Verteilung dieser Elemente auf der Erde verändert.

Die Wirkung von Schwermetallen auf die menschliche Gesundheit ist sehr vielfältig. Zu den gefährlichsten Metallen gehören Quecksilber, Kadmium (das in Mobiltelefonbatterien enthalten ist), Chrom und Blei.

Der Begriff "Schwermetall" wird üblicherweise für die als Schadstoffe eingestuften Metalle verwendet und umfasst eine sehr heterogene Gruppe von Metallen, Halbmetallen und sogar Nichtmetallen wie Selen. Die Liste der Schwermetalle umfasst am häufigsten die folgenden Elemente: Kupfer, Eisen, Mangan, Molybdän, Zink, Kobalt, Nickel, Vanadium, Aluminium, Silber, Cadmium, Chrom, Quecksilber und Blei (CETESB, 2001).

Durch industrielle Tätigkeiten sind Schwermetalle in viel größeren Mengen in das Wasser gelangt, als dies natürlich der Fall wäre, was zu einer Verschmutzung führt. Um eine Vorstellung davon zu bekommen, genügt es, sich daran zu erinnern, dass Schwermetalle in allen Ländern der Welt Teil der Abwässer der Großindustrie sind.

In Brasilien werden nach Schätzungen des brasilianischen Verbandes der Unternehmen für die Behandlung, Verwertung und Beseitigung von Sonderabfällen (ABETRE) von den jährlich anfallenden 2,9 Millionen Tonnen gefährlicher Industrieabfälle nur 600.000 Tonnen einer angemessenen Behandlung unterzogen (WHO, 1992). Die restlichen 78% werden ohne jegliche Behandlung auf Mülldeponien entsorgt (WHO, 1992).

Durch die zunehmende Industrialisierung in den letzten Jahrzehnten sind Tiere und Pflanzen vielen potenziell toxischen Chemikalien ausgesetzt. Schwermetalle oder Spurenmetalle sind dabei die gefährlichsten, da sie bereits in Spuren irreversible ökobiologische Schäden verursachen können (MIRANDA, 1993).

Alle Lebensformen werden durch die Anwesenheit von Metallen beeinträchtigt, je nach Dosis und chemischer Form. Viele Metalle sind für das Wachstum biologischer Organismen, von Bakterien bis hin zum Menschen, unerlässlich, werden aber in Spurenkonzentrationen benötigt; oberhalb dieser Konzentrationen können sie biologische Systeme schädigen. Infolge des Phänomens der Bioakkumulation können in der Umwelt vorhandene subtoxische Mengen in den letzten Gliedern der trophischen Kette ein Risikoniveau erreichen (VOLESKY, 1990a).

1.1 Kadmium

Zusammen mit Kupfer und Zink gehört Cadmium zur Gruppe IIb des Periodensystems. Es ist ein relativ seltenes Element und kommt in der Natur nicht in Reinform vor. Es ist hauptsächlich mit Sulfiden in Zink-, Blei- und Kupfererzen verbunden. Es wurde erstmals 1817 gereinigt, aber seine kommerzielle Produktion wurde erst zu Beginn des letzten Jahrhunderts wichtig. Beim Erhitzen auf hohe Temperaturen setzt es hochgiftige Cadmiumdämpfe frei. Kadmium wird durch Feuchtigkeit in der Luft langsam zu Kadmiumoxid oxidiert (ILO, 1998) und ist außerdem ein guter Neutronenabsorber (HSDB, 2000).

Im Jahr 2001 stand Cadmium auf Platz 70 der Liste der gefährlichsten Stoffe" des CERCLA (Comprehensive Environmental Response, Compensation, and Liability Act), die von der EPA (Environmental Protection Agency) und der ATSDR (Agency for Toxic Substances and Disease Registry) gemeinsam erstellt wurde und in der Stoffe nach ihrer Toxizität, ihrem Gesundheitsgefährdungspotenzial und ihrer Exposition gegenüber lebenden Organismen eingestuft werden.

Die wichtigste natürliche Quelle für Cadmium in der Atmosphäre ist vulkanische Aktivität. Kadmiumemissionen treten sowohl bei Ausbrüchen als auch in Zeiten geringer vulkanischer Aktivität auf. Diese Quelle ist zwar sehr schwer zu quantifizieren, wird aber auf 820 Tonnen des Metalls pro Jahr geschätzt. Die vulkanische Aktivität in der Tiefsee ist ebenfalls ein wichtiger Bestandteil des Cadmiumkreislaufs, konnte jedoch bisher nicht quantifiziert werden (WHO, 1992).

Kadmium wird zunehmend in der Industrie verwendet, da es zur Herstellung von Pigmenten für Farben, Kunststoffe, Batterien und elektrolytische Abscheidungen eingesetzt wird. Weltweit beträgt die Jahresproduktion 20.000 Tonnen, von denen der größte Teil für die elektrochemische Abscheidungsindustrie bestimmt ist. Interessant ist, dass 50 % des jährlichen Cadmiums in den USA verbraucht werden und dass die Umwelt in einer Entfernung von 100 Kilometern in Mitleidenschaft gezogen werden kann (U.S. GEOLOGICAL SERVEY, 2005).

Brasilien verfügt über eine sehr breit gefächerte Mineralienproduktion und sticht im globalen Kontext als wichtiger Mineralienexporteur hervor. Bei den meisten mineralischen Produkten ist das Land autark. Die Abhängigkeit vom Ausland besteht vor allem bei Hüttenkohle, Pottasche und Rohstoffen für die Metallurgie von Nichteisenmetallen wie Kupfer, Zink und folglich auch Kadmium. Kadmium gehört nicht zu den wichtigsten Mineralienreserven Brasiliens, aber Zink kommt in geringem Umfang vor (U.S. GEOLOGICAL SERVEY, 2005).

Die Verwendung von Cadmium ist begrenzt. Seine Hauptanwendungen lassen sich in fünf Hauptkategorien einteilen (WHO, 1992):

- Beschichtung von Stahl und Eisen;
- Als Stabilisator für Polyvinylchlorid (PVC);
- In Pigmenten für Kunststoffe und Glas;
- Nickel-Cadmium-Batterien;

- Legierungen.

Neben diesen Verwendungszwecken werden in der Literatur auch andere Verwendungszwecke genannt:

- Fungizid (Cadmiumchlorid) (ILO, 1998);
- Zusatzstoff in der Textilindustrie (ILO, 1998);
- Herstellung von fotografischen Filmen (ILO, 1998);
- Herstellung von Spezialspiegeln (ILO, 1998);
- Elektronische Vakuumröhrenabdeckungen (auf Elektroden und Cadmiumdampflampen) (HSDB, 2000; ILO, 1998);
- Halbleiter (ILO, 1998);
- Glas und emaillierte Keramiken (ILO, 1998);
- Aluminiumschweißen (MEDITEXT, 2000);
- Feuerschutzsystem (MEDITEXT, 2000);
- Fernsehen (HSDB, 2000);
- Neutronenabsorber in Kernreaktoren (HSDB, 2000);
- Amalgam in der Zahnbehandlung (1Cd: 4Hg) (HSDB, 2000);
- Stromübertragungsdrähte (MEDITEXT, 2000).

Von dem gesamten Cadmiumverbrauch werden 75 % in Ni-Cd-Batterien verwendet, die restlichen 25 % verteilen sich wie folgt: Pigmente 13 %, Beschichtungen und Ablagerungen 7 %, Stabilisatoren für Kunststoffe 4 %, Nichteisenlegierungen und andere Verwendungen 1 %. Der Kadmiumverbrauch variiert von Land zu Land, je nach Umweltauflagen, industrieller Entwicklung, natürlichen Quellen und Handelsvolumen (U.S. GEOLOGICAL SURVEY, 2005).

Die Toxizität von Kadmium wurde vor über einem Jahrhundert entdeckt, und seine Verwendung hat sich erheblich ausgeweitet (LASKEY & REHNBERG, 1984). Kadmium gilt als wahrscheinlich karzinogenes oder karzinogen-induzierendes Element beim Menschen (VOLESKY, 1990c; ADAMIS et al, 2003).

Das Hauptproblem mit Cadmium beim Menschen besteht darin, dass der menschliche Körper selten so viel Cadmium ausscheidet, wie er aufnimmt. Cadmium neigt dazu, sich im menschlichen Körper anzusammeln (durchschnittlich 30 mg bei einem amerikanischen Mann), davon 33 % in den Nieren und 14 % in der Leber (LÓPEZ-ALONSO et al, 2000). Das vom Menschen (und anderen Tieren) aufgenommene Cadmium hat eine kumulative Wirkung. Es konzentriert sich im Urin und im Blut (ROELS et al., 1999; ARANHA et al., 1994), wobei es sich in Leber und Nieren anreichert (FRIBERG et al., 1974; IKEDA et al., 2000; ROELS et al., 1999; ARANHA et al., 1994). Klinisch haben akute und chronische Fälle von Cadmiumtoxizität beim Menschen zugenommen (RAGAN & MAST, 1990). Der Kontakt erfolgt in erster Linie über die Inhalation und den Verdauungstrakt. Die Inhalation von Cadmiumstaub und -dämpfen erfolgt in der Industrie. Es ist auch im

Tabak enthalten, so dass Raucher einer höheren Exposition ausgesetzt sind. Akutes Einatmen führt zu Lungenödemen und Reizungen der Atemwege, während chronisches Einatmen emphysematöse und fibrotische Veränderungen des Lungengewebes sowie Schäden an den Nierentubuli verursacht (ZAVON & MEADOW, 1970; FRIBERG et al, 1974).

Der bekannteste Fall einer Cadmiumvergiftung über die Nahrung ereignete sich nach dem Zweiten Weltkrieg an den Ufern des *Jintsu-Flusses* in der japanischen Region *Funchu-Machi*, als eine große Zahl von Reisbauern und Fischern unter rheumatischen Schmerzen litt, die von Knochendeformationen und Nierenerkrankungen begleitet wurden. Später wurde festgestellt, dass diese Epidemie auf eine Kadmiumvergiftung zurückzuführen war, die durch den Verzehr von Reis auftrat, der durch Bewässerungswasser aus den Abwässern einer Zink-Blei verarbeitenden Industrie verunreinigt worden war. Die Krankheit wurde in der medizinischen Wissenschaft als *Itai-Itai* bekannt (ATSDR, 1997; MEDITEXT, 2000; WHO, 1992).

Lebensmittel sind daher die Hauptkontaminationsquelle, wobei etwa 70 % der Exposition oral erfolgt (GROTEN & BLADEREN, 1994). Diese Kontamination kann durch die Verwendung von kontaminiertem Wasser zur Bewässerung oder durch kontaminierte Böden erfolgen (MIDIO & MARTINS, 2000; JARUP et al, 1998; PRASAD, 1995; TYLER, 1990).

Bei der Aufnahme wird Cadmium im ganzen Körper verteilt und in den Blutzellen entweder an Plasmaserumproteine wie Albumin und andere Glykoproteine oder an von der Leber produzierte Metalloproteine (Metallothioneine) gebunden (MATTIAZZO-PREZOTTO, 1994).

Im Allgemeinen werden Cadmiumchlorid und Cadmiumacetat am stärksten absorbiert und sind giftiger als andere Verbindungen (MASON, 2005). Als Sicherheitsmaßnahme gilt in den USA ein Cadmiumgehalt von 10 ppb (part per billion) im Trinkwasser als sicher. In Brasilien schwankt die vom Nationalen Umweltrat (CONAMA) zugelassene Konzentration zwischen 40 ppb und 1 ppb, je nach Wasserklasse. Ein Beispiel: Für Wasser der Klasse 1 beträgt der zulässige Grenzwert für Cadmium 1 ppb. Bei Wasser der Klasse 1 handelt es sich um Wasser, das nach der Desinfektion für die häusliche Versorgung, die Freizeitgestaltung, die Bewässerung von Obst und Gemüse und die Zucht von für den menschlichen Verzehr bestimmten Arten verwendet werden kann. °Für Wasser der Klasse 3, d. h. Wasser, das nach konventioneller Aufbereitung für die Versorgung von Haushalten verwendet werden kann, liegt der zulässige Grenzwert bei 10 ppb - Resolution N 357-CONAMA (CONAMA, 2005).

Was die Aufnahme von Cadmium durch Hefen betrifft, so ist bekannt, dass Mikroorganismen verschiedene Mechanismen entwickelt haben, um sich von den toxischen Auswirkungen von Schwermetallen oder organischen Verbindungen zu befreien. Die Entgiftung von Metallen in Mikroorganismen erfolgt durch verschiedene Mechanismen: Regulierung der Aufnahme, Umwandlung in weniger toxische Spezies und Immobilisierung innerhalb der Zellen. Innerhalb der Zellen sind die wichtigsten Moleküle, die an der Sequestrierung von Metallen beteiligt sind, das Tripeptid Glutathion (GSH; L- -Glu-Cis-Gli) und die Phytochelatine oder Cadistine (-Glu-Cis)$_n$ Gli), sowie Proteine mit niedrigem Molekulargewicht, die reich an Cysteinen sind und Metallothioneine genannt werden. Die Konzentration von GSH in *Saccharomyces cerevisiae* kann bis zu 1 % des Trockengewichts der Zelle betragen. GSH fungiert als eine Art körpereigener

Stickstoff- und Schwefelspeicher und spielt eine wichtige Rolle beim Schutz vor Metallen. Die Schutzwirkung von GSH gegen die Toxizität von Schwermetallen beruht auf der Beobachtung seiner Akkumulation als Reaktion auf die Anwesenheit von Metallionen (GADD & GHARIEB, 2004).

Hefezellen haben eine Vielzahl von Entgiftungsmechanismen entwickelt, um toxische Verbindungen zu eliminieren. Die vier wichtigsten Mechanismen, die für die Metallresistenz der Hefe *Saccharomyces cerevisiae* beschrieben wurden, sind die folgenden (ERASO et al, 2004):

1- Hefen verfügen über einen Mechanismus, der den Zufluss von Metallen in die Zelle verringert. Dieser Mechanismus beruht auf der Unterdrückung des Gens für den Metalltransporter oder der Induktion der Proteolyse dieses Transporters.

2- Metallbindung und Bildung von Komplexen wie Metallothioneinen (MT). Diese Moleküle neutralisieren die toxische Wirkung freier Metalle, indem sie sie an Zellen binden. Die Hefe *Saccharomyces cerevisiae* produziert Metallothioneine, die Kupfer und Cadmium binden können. Diese MT werden von demselben CUPI-Gen kodiert, dessen Transkription durch Kupfer oder Cadmium unterschiedlich reguliert wird.

3- Kompartimentierung in Vakuolen. Das vakuoläre Membranprotein Ycfl (yeast cadmium factor) spielt eine wichtige Rolle bei der Cadmiumtoleranz in *Saccharomyces cerevisiae*. Dieses Protein gehört zur Superfamilie der ABC-Transporter (ATP Binding Cassette) und weist eine hohe Homologie mit dem menschlichen Mrpl (human multidrug resistance-associated protein) auf. Ycfl ist ein vacuolares Protein, eine Pumpe, die Glutathion und Schwefel konjugiert und den Cd-GSH-Komplex in die Vakuole transportiert. Zellen, die das YCFl-Gen überexprimieren, sind resistent gegen Cadmium.

4- Aktives Exportsystem, das die intrazelluläre Konzentration des Metalls begrenzt, wie das für Bakterien beschriebene Efflux-System. Dieser Mechanismus ist für *Saccharomyces cerevisiae* oder andere Pilze nicht allgemein beschrieben (SHIEAISHI et al., 2000).

Der häufigste Mechanismus in der Hefe sind die "Glutathion-S-Konjugate" (GS-X), die zur Familie der ATP-bindenden Kassetten-Transporter (ABC) gehören. GS-X-Pumpen katalysieren den Transport von Glutathion-Konjugaten in die Vakuole. Durch diesen Transporter wird Cadmium mit Glutathion komplexiert, aus dem Zytoplasma entfernt und in die Vakuole transportiert (ERASO et al., 2004).

Diese GS-X-Transporter sind an der Entfernung einer Reihe von S-konjugierten Verbindungen aus dem Zytoplasma beteiligt. Bisher wurden zwei GS-X-Transporter auf molekularer Ebene identifiziert: MRPl, humanes multidrug resistance associated protein, und YCF, yeast cadmium factor. Diese beiden Proteine weisen eine Identität von 43 % und eine Homologie von 63 % auf (LI et al., 1997).

In *Saccharomyces cerevisiae* erfolgt die Regulierung der adaptiven Reaktion auf Schwermetalle und Oxidantien hauptsächlich auf der Transkriptionsebene. Die Reaktion der Hefe *Saccharomyces cerevisiae* auf Cadmium ist typisch, d. h. es gibt Überschneidungen zwischen der Reaktion auf verschiedene Belastungen, was die Produktion gemeinsamer Signale für diese Belastungen oder gemeinsame regulatorische Komponenten oder beides widerspiegeln kann. So werden beispielsweise mehrere Hitzeschockproteine als Reaktion auf Cadmium transkribiert. Das Tripeptid Glutathion spielt eine zentrale Rolle beim Schutz gegen oxidativen Stress und Cadmiumtoxizität. Der proteomische Ansatz zeigt, dass bis zu 54 Proteine in Gegenwart von Cadmium eine erhöhte Expression aufweisen, von denen viele eine grundlegende Rolle bei oxidativem Stress spielen, was die Hypothese bestätigt, dass die Exposition gegenüber Schwermetallen zu oxidativem Stress führt. Gleichzeitig kommt es bei der Exposition von Hefezellen *von Saccharomyces cerevisiae* gegenüber Cadmium zu einer erheblichen Verringerung des Spiegels von 43 anderen Proteinen (JAMIESON, 2002).

Auch die posttranskriptionelle Regulierung ist an der Reaktion auf Schwermetalle beteiligt. Ein typisches Beispiel ist die Synthese von Peptiden, die Phytochelatine (PC) genannt werden, nach der Exposition gegenüber Schwermetallen. PCs werden aus GSH in einer Reaktion synthetisiert, die von PC-Synthasen katalysiert wird. PCs haben eine allgemeine Struktur (Glu-Cys)n-Xaa, die 2-11 Glu-Cis-Wiederholungen enthält. PC chelatieren Schwermetalle mit hoher Affinität und erleichtern die vakuoläre Sequestrierung dieser Metalle (OLENA et al, 2001).

1.2 Anreicherung von Metallen durch Hefen

Pilze und Hefen sind in der Lage, Schwermetalle durch physikalisch-chemische Mechanismen, wie Adsorption, oder abhängig von Stoffwechselaktivitäten, wie Transport, aus der äußeren Umgebung zu entfernen. Einige physikalisch-chemische Wechselwirkungen können indirekt vom Stoffwechsel abhängen, und zwar durch die Synthese bestimmter Bestandteile der Zelle oder von Metaboliten, die als effiziente Chelatoren wirken können, oder durch die Schaffung einer bestimmten Mikroumgebung in der Nähe der Zelle, die die Ablagerung oder Ausfällung erleichtert. So ist mikrobielle Biomasse, ob lebend oder tot, in der Lage, Metalle zu akkumulieren (GADD, 1990).

Hefen können toxische Stoffe, einschließlich Schwermetalle, anreichern, für die sie eine Aufnahmekapazität besitzen (BRADY et al., 1994; VOLESKY, 1990a).

Die Hefezelle mit ihrer komplexen Zellwand stellt im Vergleich zu Zellen ohne Zellwand eine zusätzliche Adsorptionsstelle dar. Es wird davon ausgegangen, dass die Zellwand die Plasmamembran und die Zelle als Ganzes schützt (GADD, 1990).

Damit ein Metallion von einer lebenden Zelle adsorbiert werden kann, müssen zahlreiche chemische Parameter berücksichtigt werden. Dazu gehören: die Metallladung, der Ionenradius, die Vorliebe des Metalls für organische Liganden sowie die Verfügbarkeit und Konzentration des Metalls (WOOD & WANG, 1983).

Die Fähigkeit von Mikroorganismen, Schwermetalle zu akkumulieren, umfasst im Allgemeinen zwei Phasen: eine rasche, vom Stoffwechsel unabhängige Bindung an die Zelloberfläche, gefolgt von einer stoffwechselabhängigen intrazellulären Akkumulation, die mit Energieaufwand verbunden ist. Bei der stoffwechselunabhängigen Akkumulation können die Kationen durch Adsorption, anorganische Ausfällung oder durch Adsorption an anionische Gruppen in der Zellwand abgelagert werden (BRADY & DUNCAN, 1994; VOLESKY, 1990b; VOLESKY & MAY-PHILLIPS, 1995). Die Biosorption ist also die Fähigkeit der Zelle, das Metall durch verschiedene physikalisch-chemische Mechanismen passiv zu binden. Diese Fähigkeit hängt von Faktoren ab, die außerhalb des Mikroorganismus liegen, sowie von dem Metall, seiner ionischen

Form in Lösung und der aktiven Retentionsstelle, die für die Sequestrierung des Metalls verantwortlich ist. Ein wichtiges Merkmal der Biosorption ist, dass sie auch dann stattfinden kann, wenn die Zelle nicht mehr stoffwechselaktiv ist, d.h. wenn sie tot ist (VOLESKY, 1990a). Die Biosorption von Schwermetallen durch tote Biomasse wurde als Alternative zu den bestehenden Entfernungstechnologien in der Abwasserbehandlung eingesetzt. Durch die Verwendung toter Biomasse wird das Problem der Toxizität von Metallionen für Zellen umgangen (MATIS & ZOUBOULIS, 1994).

Bei der stoffwechselabhängigen Akkumulation wird das Metall durch Transportproteine durch die Zellmembran transportiert und sammelt sich im Zytosol an Metallothionein gebunden an (BRADY & DUNCAN, 1994). Metallothionein ist an der Metallspeicherung, der Entgiftung, der Entwicklung, der Differenzierung, der Steuerung des Zellstoffwechsels, dem Schutz vor freien Radikalen und der Reaktion auf ultraviolette Strahlung beteiligt (BRADY & DUNCAN, 1994; VOLESKY, 1990c).

Es gibt verschiedene Wirkungsmechanismen von Komplexbildnern in biologischen Systemen. Mikroorganismen können Metalle in Lösungen, in extrazellulären Polymeren auf der Oberfläche von Zellen oder in intrazellulären Kompartimenten komplexieren (WOOD & WANG, 1983).

Die Arten der Komplexbildung, die Zellen mit Metallen eingehen können, sind: Komplexbildung und Efflux, Biosorption an der Zelloberfläche, Komplexbildung über spezifische Mechanismen, extrazelluläre Freisetzung von Komplexbildnern, Komplexbildung und Speicherung in intrazellulären Kompartimenten (BIRCH & BACHOFEN, 1990).

Biosorption und Bioakkumulation sind Prozesse, die zu einer Verringerung der Toxizität führen. Je nach Größe oder Ladung können die gebildeten Komplexe die Zellmembran nicht passieren, und da sie unlöslich sind, fallen sie aus. Andererseits können Komplexe mit niedrigem Molekulargewicht gebildet werden und durch Diffusion in die Zelle eindringen, die dann wieder in die Umwelt exportiert oder in intrazellulären Kompartimenten gespeichert werden können (MACASKIE et al, 1987; PETTERSON et al, 1985; TYNECKA et al, 1981).

Diese unterschiedlichen Mechanismen werden in der Literatur als Erklärung für die bei bestimmten Metallen beobachteten Unterschiede in der Toxizität angenommen und könnten bei den Umweltauswirkungen eine wichtige Rolle spielen (BABICH & STOTZKY, 1980).

Ein Metall, das mit einem Organismus komplexiert ist, hat im Allgemeinen eine andere Toxizität als das Metall in seiner freien Form (BABICH & STOTZKY, 1983; SPOSITO, 1983).

Es gibt erhebliche Unterschiede in der Produktion von Komplexbildnern in Abhängigkeit von der Wachstumsphase des Organismus; Zellen in der exponentiellen Wachstumsphase produzieren andere Komplexbildner als solche, die in der stationären Phase gebildet werden (GADD, 1990).

Mikrobiologische Chelatbildner müssen nicht unbedingt in die Umwelt freigesetzt werden, sondern können in intrazellulären Kompartimenten und auf der äußeren Oberfläche der Zelle verbleiben, beispielsweise in Form von Polysacchariden oder Polymeren. Sie können Teil der Zellwand sein oder in Kapselform vorliegen und als wirksame biosorbierende Verbindungen wirken (BEVERIDGE, 1989; KAPLAN et al, 1987; MACASKIE et al, 1987).

In einigen Fällen folgt auf die Adsorption die Internalisierung eines anderen Komplexes durch einen aktiven Prozess, wie dies bei essentiellen Metallen und einigen toxischen Metallen der Fall ist, oder durch einen passiven Diffusionsprozess, der vermutlich der Adsorptionsweg für die meisten toxischen Metalle ist (GADD, 1990).

1.3 Trehalose

Wenn Hefen einer mit Schwermetallen belasteten Umgebung ausgesetzt werden, ist dies ein sehr schädlicher Reiz. Um in dieser neuen Situation zu überleben, muss sich die Zelle anpassen und überleben. Wenn die Anpassung nicht gelingt, stirbt die Zelle. Einer der Mechanismen, durch den Hefen widerstandsfähiger werden und sich an eine schädliche Situation anpassen, ist die Akkumulation von intrazellulärer Trehalose. Wir haben uns daher entschieden, Trehalose als einen der Stressmarker zu bestimmen. Trehalose ist ein nicht-reduzierendes Disaccharid, das aus zwei Glukoseeinheiten besteht. Ursprünglich wurde Trehalose zusammen mit Glykogen als Reservekohlenhydrat für Mikroorganismen angesehen, aber in den letzten zwei Jahrzehnten haben mehrere Autoren gezeigt, dass Trehalose neben ihrer Reservefunktion auch die Aufgabe hat, die Zellen bei Stressprozessen wie hohen Temperaturen, osmotischem Schock, Exposition gegenüber Ethanol und Austrocknung zu schützen (VAN LAERE, 1989). Trehalose ist das am wenigsten reaktive und stabilste Kohlenhydrat in der Natur (PANEK, 1995). Dieser Zucker wird mit dem Überleben unter verschiedenen Stressbedingungen in Verbindung gebracht und dient als Membranschutz (CROWE et al., 1984; LESLIE et al., 1995) sowie als kompatibles Solut oder als Reservekohlenhydrat. Zellen in der stationären Phase und solche, die auf nicht vergärbaren Kohlenstoffquellen wachsen, sind von Natur aus stressresistenter und weisen einen höheren Trehalosegehalt auf (VAN DIJCK et al., 1995). Bei der Hefe *Saccharomyces cerevisiae* kann Trehalose je nach Wachstumsbedingungen und Zellzyklusphase mehr als 23 % des Trockengewichts der Zelle ausmachen (THEVELEIN, 1984). Die Anhäufung von Trehalose, die in Gegenwart eines Stressfaktors auftritt, ist manchmal von der Dauer der Exposition abhängig.

Die schützende Rolle der Trehalose lässt sich nachweisen, wenn die Temperatur des Inkubationsmediums von 30 °C auf 40 °C erhöht wird. Diese Temperaturerhöhung fördert die Anreicherung von Trehalose in den Hefen. ⁰Werden diese Hefen mit einem hohen Trehalosegehalt anschließend auf eine Temperatur von 55 °C (tödliche Temperatur) gebracht, wird beobachtet, dass ein großer Teil der Zellen die zuvor tödliche Temperatur überlebt (NEVES et al., 1991).

Es besteht ein enger Zusammenhang zwischen einem hohen Trehalosegehalt und der Gefrierbeständigkeit von Hefen, was bei Backhefe, die gefroren vermarktet wird, von großer Bedeutung ist (HINO et al., 1990).

Das Überleben von Zellen hängt von ihrer Fähigkeit ab, die extrazelluläre Umgebung zu überwachen und schnell mit Veränderungen zu reagieren, die es ihnen ermöglichen, in der neuen Situation besser zu überleben. Normalerweise führen Veränderungen der physikalischen oder chemischen Bedingungen in der Zellumgebung zu einer sofortigen Blockade des Zellwachstums und lösen eine Reihe von Zellreaktionen aus, die für das Überleben wichtig sind. Zu diesen Reaktionen gehört die sofortige Produktion von Verbindungen, die als kompatible Solute bezeichnet werden, wie z. B. Trehalose. Der Begriff "kompatibler gelöster Stoff" ist darauf zurückzuführen, dass der gelöste Stoff, selbst wenn er in hohen Konzentrationen vorliegt, den normalen Stoffwechsel der Zelle nicht beeinträchtigt.

Die Synthese von Trehalose ist das Ergebnis der Wirkung von Wegen, die Stress erkennen und Stoffwechselwege signalisieren, die die Expression von Genen induzieren, deren Produkte den Zellen Schutz verleihen können.

In der Hefe wird Trehalose im Cytosol durch eine zweistufige Reaktion gebildet (CABIB & LELOIR, 1958). Diese Reaktion wird von einem Komplex aus drei Untereinheiten durchgeführt: einer katalytischen Untereinheit, der Trehalose-6-Phosphat-Synthase, die durch das *TPS1-Gen* kodiert wird (BELL et al., 1998), einer Untereinheit, der Trehalose-6-Phosphat-Phosphatase, die durch das *TPS2-Gen* kodiert wird (DE VIRGILIO et al., 1993), der größten Untereinheit, die redundant durch zwei Gene kodiert wird, *TSL1* (langkettige Trehalose-Synthase) und *TPS3* mit regulatorischer Aktivität (VUORIO et al., 1993). [2]Die beiden an diesem Prozess beteiligten Enzyme sind von Mg + abhängig (ELLIOT et al., 1996). Die Untereinheiten *TPS3* und *TSL1* synthetisieren Proteine, die für die Stabilisierung des Komplexes verantwortlich sind (BELL et al., 1998). Die Threose-6-Phosphat-Synthase kann unabhängig vom Komplex funktionieren (BELL et al., 1998). Die Gene, die für die Komponenten des Komplexes kodieren, werden durch Stress induziert (DE VIRGILIO et al, 1993; WINDERICKX et al, 1996).

Der Trehalose-Synthase/Phosphatase-Komplex ist auch an der Regulierung des Glukoseeinstroms in die Zelle beteiligt. Die Deletion des *TPS1-Gens* führt zu einer Reihe von Regulationsproblemen, wie z. B.: [+]Aktivierung der Fructose-1,6-Biphosphatase, Inaktivierung der H -ATPase der Plasmamembran, Inaktivierung des Kalium-Aufnahmesystems, Verlust der Pyruvat-Decarboxylase-Aktivität, verminderter Trehalosegehalt in nicht vergärbaren Kohlenstoffquellen, Hyperakkumulation von Bisphosphatzuckern, allmähliche Abnahme des Polyphosphatpools, intrazelluläre Übersäuerung usw. (VAN AELST et al., 1993).

Die Aufspaltung von Trehalose in zwei Glukosemoleküle erfolgt durch die saure oder vacuolare Trehalase, die durch das *ATH1-Gen* kodiert wird, und durch die neutrale oder zytosolische Trehalase, die durch das *NTH1-Gen* kodiert wird. Nach der vorgeschlagenen neuen Klassifizierung würde die Bezeichnung derzeit lauten: neutrale oder zytosolische Trehalase und saure oder extrazelluläre Trehalase (PARROU et al, 2005). Die saure Trehalase hat eine optimale Aktivität bei einem pH-Wert von 4,0 und 5,0 (LONDESBOROUGH & VUORINO, 1984), und ihre Aktivität wird nur nachgewiesen, wenn die Zelle in die respiratorische und stationäre Phase eintritt oder wenn die Zelle auf einem nicht fermentierbaren Substrat wie Ethanol und Glycerin wächst (SAN MIGUEL & ARGUELLES, 1994). Die Aktivität der neutralen Trehalase tritt bei einem pH-Wert von 6,7 und 7,0 auf (LONDESBOROUGH & VUORINO, 1984), und ihre Aktivität wird durch cAMP-abhängige Phosphorylierungsmechanismen reguliert (COUTINHO et al, 1992). Die Aktivität dieses Enzyms ist in der exponentiellen Phase hoch, wenn der Trehalosegehalt niedrig ist und in Gegenwart von fermentierbaren Zuckern wie Glucose (NEVES & FRANÇOIS, 1992).

Die Anhäufung von Trehalose steht im Zusammenhang mit Glukose-, Stickstoff- und Phosphatfasten (LILLIE & PRINGLE, 1980) sowie mit dem Schutz vor Austrocknungs- und Exsikkationsstress (D'AMORE et al.,

1991; GADD et al., 1987), Gefrieren (LEWIS et al., 1995), thermischem Stress (DE VIRGILLO et al., 1994; LEWS et al., 1995; NEVES et al, 1991; NEVES & FRANÇOIS, 1992), osmotische (HOUNSA et al, 1998) und chemische Produkte wie Ethanol (LUCERO et al, 2000; MANSURE et al, 1994; RIBEIRO et al, 1999), Schwermetalle (ATTFIELD, 1987), Sauerstoffradikale (BENAROUDJ et al, 2001) und hydrostatischen Druck (FERNANDES et al, 2001). Der Trehalosegehalt in der Hefe ist wahrscheinlich einer der wichtigsten Faktoren, der die Resistenz der Hefe bei der Gefriertrocknung und der anschließenden Rehydratation beeinflusst. In diesen Fällen steht der Anstieg des Trehalosegehalts in engem Zusammenhang mit dem Anstieg der Lebensfähigkeit, obwohl in einigen Fällen, wie z. B. bei osmotischem Stress, Ethanoltoleranz und extremem pH-Wert, Glycerin stärker beteiligt zu sein scheint (HOUNSA et al., 1998; SIDERIUS et al., 2000).

Im Allgemeinen sind Zellen mit einem hohen Trehalosegehalt widerstandsfähiger gegen verschiedene schädliche Situationen. Das Vorhandensein von Schwermetallen ist einer dieser Faktoren, die, wenn sie in der Umwelt vorhanden sind, die Zelle überwachen und Schutzmechanismen auslösen müssen (ATTFIELD, 1987).

1.4 Bioremediation

Anthropogene Aktivitäten führen zu einer Verschmutzung der städtischen und ländlichen Umwelt, wodurch große Gebiete unsicher oder unbewohnbar werden, ganz zu schweigen von großen Umweltkatastrophen wie Tschernobyl und der Ölpest der Exxon Valdez. Die Sanierung von Altlasten ist daher überall auf der Welt ein großes Geschäft. In den USA sind rund 12.000 Standorte als kontaminiert eingestuft, in Europa sind es rund 400.000. Es wird geschätzt, dass es noch Tausende von inoffiziellen Standorten gibt (WATANABA, 2001). Im Jahr 1998 hatte der Sanierungsmarkt einen Wert von etwa 15-18 Milliarden Dollar (WATANABA, 2001). Die meisten Sanierungen betreffen das Grundwasser und den Boden. Viele Gebiete sind mit einer Kombination aus Schwermetallen und organischen Verbindungen kontaminiert, und viele dieser Standorte enthalten auch Radionuklide. Bei der konventionellen Sanierung wird der Schadstoff aus dem Gebiet entfernt und an anderer Stelle entsorgt. So wird beispielsweise kontaminierter Boden ausgehoben und durch neuen Boden ersetzt. Kontaminiertes Wasser wird abgepumpt und der Schadstoff durch Methoden wie Filtration entfernt. Mit diesen Technologien wird die Kontamination natürlich nicht saniert, sondern lediglich von einem Ort zum anderen verlagert oder von einem Zustand in einen anderen umgewandelt (z. B. von Flüssigkeit in Gas). Auf diese Weise können Sanierungsprojekte Jahrzehnte dauern, sind sehr schwierig und können eine Restkontamination hinterlassen (WATANABA, 2001). In diesem problematischen Kontext ist die Technologie der Sanierung mit biologischen Materialien (Mikroorganismen wie Bakterien, Pilze, Hefen, Algen oder Pflanzen) entstanden, d.h. die Bioremediation. Die Bioremediation kann *in situ* oder *ex situ* durchgeführt werden. Die Bioremediation von organischen Verbindungen kann schneller erfolgen als herkömmliche Techniken und vor allem keine Restkontamination hinterlassen. Mikroorganismen und Pflanzen können eingesetzt werden, um Schwermetalle aus dem Wasser oder Boden zu entfernen, müssen aber in der Regel durch Verbrennung oder Zement (im Falle von Radionukliden) entsorgt werden. Die US EPA (Environmental Protection Agency) schätzt, dass die Phytosanierung 50 bis 80 % der Kosten herkömmlicher Technologien einsparen kann (WATANABA, 2001).

Bioremediation ist eine Technologie zur Entfernung und Rückgewinnung von Schwermetallen aus kontaminierten Gebieten. COSSICH et al. 2000 definieren die Bioremediation als "ein Verfahren, bei dem

Feststoffe pflanzlichen Ursprungs oder Mikroorganismen verwendet werden, um Schwermetalle aus einer flüssigen Umgebung zurückzuhalten, zu entfernen oder zurückzugewinnen". Die Bioremediation hat sowohl als wissenschaftliche Neuheit als auch wegen ihrer möglichen Anwendung in der Industrie viel Aufmerksamkeit erregt. Als Technologie ist die Bioremediation jedoch nicht neu. Die Kompostierung in der Landwirtschaft und die Abwasserbehandlung in Privathaushalten sind beispielsweise Techniken, die auf dem Einsatz von Mikroorganismen zur Katalyse chemischer Umwandlungen beruhen. Diese Umweltmanagementtechniken werden von der Menschheit seit den Anfängen der Zivilisation angewandt, und ihre Verwendung geht auf die Entdeckung der Existenz von Mikroorganismen zurück. Die Römer nutzten die Biolaugung zur Gewinnung von Kupfer in den Minen Spaniens, als sich ihr Reich auf diese Region erstreckte. Zu seiner Zeit beschrieb der Wissenschaftler Paracelsus (1493-1541) die Biolaugung, d. h. die Gewinnung von Kupfer aus Bergwerken (OLSON et al., 2003). Die "modernste" Anwendung der Bioremediation liegt 100 Jahre zurück: 1891 wurde die erste biologische Kläranlage in Sussex, England, in Betrieb genommen.

Derzeit wird die Bioremediation kommerziell genutzt, um eine begrenzte Anzahl von Schadstoffen zu entfernen, hauptsächlich die in Benzin enthaltenen Kohlenwasserstoffe. Mikroorganismen haben jedoch die Fähigkeit, praktisch alle organischen und viele anorganische Schadstoffe biologisch abzubauen (NATIONAL RESEARCH COUNCIL, 1993).

Das US-Außenministerium hat ein spezielles Programm mit der Bezeichnung NABIR (Natural and Accelerated Bioremediation Research) aufgelegt, das das Potenzial der Bioremediation erforscht, um Lösungen für durch Metalle oder Radionuklide kontaminierte Umgebungen zu finden.

Neu ist der Begriff Bioremediation, der 1987 in der wissenschaftlichen Literatur auftauchte (PALMISANO & HAZEN, 2003).

Bioremediation ist der Einsatz von Mikroorganismen, um schädliche und/oder radioaktive Verbindungen in der Umwelt auf ein unbedenkliches Maß zu reduzieren, zu beseitigen oder einzudämmen. Bei der Bioremediation von organischen Verbindungen werden diese in weniger toxische oder ungiftige Produkte wie CO_2 umgewandelt. Bei der Bioremediation von Metallen und Radionukliden werden diese aus der wässrigen Phase entfernt, um das Risiko für Mensch und Umwelt zu verringern. Mikroorganismen können Metalle oder Radionuklide direkt umwandeln, indem sie ihren oxidierten Zustand in eine reduzierte Form umwandeln, die es ermöglicht, sie zu immobilisieren. Mikroorganismen können Metalle und Radionuklide auch indirekt immobilisieren, indem sie sie zu anorganischen Ionen reduzieren, wodurch die Schadstoffe wiederum chemisch in weniger mobile Formen überführt werden. Die Langzeitstabilität dieser Schadstoffe ist unbekannt. Weitere Mechanismen, durch die Mikroorganismen die Mobilität beeinflussen können, sind: pH-Veränderung, Oxidation und Komplexbildung (PALMISANO & HAZEN, 2003).

Mikroorganismen wie Bakterien, Algen, Fadenpilze und Hefen sind effiziente Bioremediatoren.

Die Fähigkeit bestimmter Pilze und Hefen, Metalle zu konzentrieren, wurde genutzt, um Metallarten aus wässrigen Medien zu extrahieren. Daher besteht großes Interesse an der Verwendung von Biomasse zur Biosorption und Entgiftung von Industrieabwässern durch die Entfernung von Metallbestandteilen aus diesen.

Die Beziehung zwischen verschiedenen Mikroorganismen und Schwermetallen ist gut dokumentiert. Die Untersuchung der Wechselwirkungen zwischen Hefen und Schwermetallen ist von großem wissenschaftlichem Interesse. Unter den Pilzen sind Hefen, insbesondere die Hefe *Saccharomyces cerevisiae*, die wissenschaftlich am meisten genutzten, da sie Organismen sind, die sich leicht genetisch manipulieren lassen, einen schnellen Lebenszyklus haben und in relativ kostengünstigen Medien wachsen und somit als hervorragende Modelle für die Untersuchung vieler wichtiger Probleme in der Biologie der Eukaryoten dienen (BROCK et al., 1984). Hefen sind auch dafür bekannt, große Mengen an Schwermetallen aus wässrigen Medien zu akkumulieren (GADD, 1986).

Zu den konventionellen Verfahren zur Entfernung von Metallen aus Industrieabwässern gehören chemische Fällung, Ionenaustausch (KEFALA et al, 1999; KAPOOR & VIRARAGHAVAN, 1995), Umkehrosmose (KAPOOR & VIRARAGHAVAN, 1995), Filtration, elektrochemische Behandlung, Verdampfung oder Lösungsmittelextraktion (WAIHUNG et al, 1999; KAPOOR & VIRARAGHAVAN, 1995). KAPOOR & VIRARAGHAVAN, 1995), chemische Oxidation und Reduktion, Filtration, elektrochemische Behandlung, Verdampfung oder Lösungsmittelextraktion (WAIHUNG et al., 1999), allerdings sind die Kosten dieser Verfahren sehr hoch (VEGLIO & BEOLCHINI, 1997). Bei Methoden wie der chemischen Fällung und der Lösungsmittelextraktion werden große Mengen chemischer Reagenzien eingesetzt, die zwar manchmal das Metallproblem lösen, aber das Problem des Abfalls der bei diesen Methoden verwendeten Chemikalien mit sich bringen.

Die Bioremediation, d. h. die Entfernung von Schwermetallen aus der Umwelt durch Mikroorganismen, erfolgt durch physikalisch-chemische Mechanismen wie die Adsorption oder durch metabolische, aktivitätsabhängige Mechanismen wie den Transport. Einige physikalisch-chemische Wechselwirkungen können indirekt mit dem Stoffwechsel verbunden sein, insbesondere über die Synthese von Zellbestandteilen oder Metaboliten, die als effiziente Metallchelatoren wirken können, wie Glutathion, Phytochelatine und Metallothioneine (VOLESKY & MAY-PHILLIPS, 1995).

Andere Prozesse, durch die Mikroorganismen Metalle anreichern, sind Sequestrierung, Transport, Ausfällung und Oxidations-Reduktions-Reaktionen. Die Anreicherung von Metallen auf passivem Wege, durch Adsorption und/oder Komplexbildung wird als Biosorption bezeichnet. Wenn diese Anreicherung jedoch von der Stoffwechselaktivität des Mikroorganismus abhängt, handelt es sich um Bioakkumulation.

Bei Hefen verändert die Toxizität von Schwermetallen die biologische Aktivität von Zellbestandteilen wie Nukleinsäuren, Enzymen, Aminosäuren und Lipiden (BRENNAN & SCHIESTL, 1996; ROMANDINI et al., 1992). Metallionen können toxische Wirkungen haben, wenn sie sich in extrem hohen Mengen anreichern. Ein Überschuss an Fe und Cu kann reaktive Sauerstoffspezies erzeugen, die Makromoleküle wie DNA, Proteine und Lipide abbauen. Metalle können auch biochemische Prozesse hemmen, indem sie mit anderen Ionen um die aktive Stelle von Enzymen, intrazellulären Transportern und anderen biologisch wichtigen Liganden konkurrieren (ALBERTINI, 1999; ASSMANN et al., 1996; SILVA, 2001), um nur einige zu nennen. Bioakkumulation ist die Speicherung und Konzentration einer Substanz im Organismus. Bei der Bioakkumulation wird der gelöste Stoff außerhalb der Zelle durch die Zellmembran transportiert und im

Zytoplasma sequestriert. Die Biosorption ist die Assoziation der Substanz mit der Zelloberfläche. Die Sorption erfordert keinen aktiven zellulären Stoffwechsel (PALMISANO & HAZEN, 2003).

Bei der Biosorption binden die Mikroorganismen das Metall durch Oberflächenbindungen, während bei der Bioakkumulation die Metalle durch eine Kombination von Oberflächenreaktionen wie Ausfällung und Bildung intra- und extrazellulärer Komplexe konzentriert werden (VOLESKY, 1990c). Es gibt jedoch erhebliche praktische Beschränkungen für Systeme, die sich die Bioakkumulation zunutze machen, wie z. B. die Hemmung des Zellwachstums, wenn die Konzentration von Metallionen zu hoch wird, oder die hohe Toxizität von Gewässern, wie z. B. extreme pH-Werte und hohe Salzkonzentrationen. Der aktive Prozess der Bioakkumulation erfordert auch die Bereitstellung ausreichender Nährstoffe, Belüftung und Temperatur für das Wachstum der Mikroorganismen (VOLESKY, 1990c). Die Tatsache, dass viele Standorte, an denen eine konventionelle Abwasserbehandlung durchgeführt wird, zu Lebensräumen für Mikroorganismen werden, deutet jedoch darauf hin, dass diese Einschränkungen ihre Anwendung in Systemen, in denen die Bioakkumulation von Schwermetallen stattfindet, nicht ausschließen (DONMEZ & AKSU, 1999).

Mikroorganismen haben die Eigenschaft, Schwermetalle an ihrer Zelloberfläche zu adsorbieren, und unter ihnen sind Pilze und Hefen toleranter gegenüber toxischen Metallen und können in Medien mit hohen Konzentrationen dieser Elemente wachsen. Darüber hinaus bietet die geringe Größe der mikrobiellen Zellen ein hohes Verhältnis zwischen Oberfläche und Volumen, was eine große Kontaktfläche mit der Umgebung und damit eine größere Möglichkeit der Adsorption oder Einbindung des Metalls bedeutet (KURODA & UEDA, 2003).

Eine weitere wichtige Eigenschaft vieler Hefen ist ihre Fähigkeit, unter ungünstigen Bedingungen wie extremen pH-Werten und hohen Temperaturen zu gedeihen und extreme Umweltbedingungen zu tolerieren.

Die Kombination dieser Eigenschaften, die hohe Toleranz gegenüber Schwermetallen und die Entwicklung unter ungünstigen Bedingungen machen Hefen zu wichtigen Adsorbentien für die Entfernung von toxischen Metallen. Es ist wichtig zu betonen, dass mikrobielle Biomasse in der Lage ist, Metalle zu akkumulieren, egal ob sie lebendig oder tot ist (KAPOOR & VIRARAGHAVAN, 1995).

Die reichlich vorhandene Pilzbiomasse, die als Nebenprodukt großindustrieller Prozesse anfällt, kann eine wirtschaftlich rentable Quelle für Metallbiosorbentien sein. Die Umwandlung von Abfallbiomasse in ein Metallbiosorptionsmittel senkt nicht nur die Kosten für die Herstellung des Biosorptionsmittels drastisch, sondern auch die Kosten für die Entsorgung von Abfallbiomasse aus der Industrie, z. B. für Pilze, die bei der Herstellung organischer Säuren verwendet werden (WAIHUNG et al., 1999; KAPOOR & VIRARAGHAVAN, 1995), oder für Hefen, die von der brasilianischen Zuckeralkoholindustrie hergestellt werden (siehe unten).

Das Nationale Alkoholprogramm (PROÀLCOOL) begann 1975 in Brasilien und förderte die Entwicklung der Agroindustrie für Zucker und Alkohol. Infolgedessen wurden viele Produkte aus dieser Agroindustrie hergestellt. Eines dieser Produkte ist die große Produktion der Hefe *Saccharomyces cerevisiae*, die zur Fermentierung von Zuckerrohrsaft verwendet wird. *Saccharomyces cerevisiae-Hefe* kann aus Brennereien gewonnen werden, nachdem sie als Hefe für die Alkoholproduktion verwendet wurde. Für jeden produzierten Liter Alkohol bleiben etwa 30 Gramm Trockengewicht Hefe übrig. Die jährliche Alkoholproduktion Brasiliens beträgt etwa 15 Milliarden Liter, so dass die Hefeabfälle auf etwa 450.000 Tonnen geschätzt werden können. Schätzungen zufolge wurden 1996/1997 rund 25.000 Tonnen Hefe zu einem Durchschnittspreis von etwa 300,00 R$ pro Tonne Hefe verkauft (DEL RIO, 2004).

Speziell im Bundesstaat Minas Gerais spielt die Cachaça-Agrarindustrie eine wichtige Rolle für Tausende von ländlichen Grundstücken im Landesinneren des Staates. In wirtschaftlicher Hinsicht schaffen die 8.466 Brennereien in Minas Gerais nach Angaben von SEBRAE rund 240.000 direkte und indirekte Arbeitsplätze. Nach Angaben von SEBRAE werden im Bundesstaat Minas Gerais jährlich rund 180 Millionen Liter Cachaça produziert. Es wird vermutet, dass diese Zahl aufgrund der hohen Dunkelziffer in diesem Sektor unterschätzt wird (SEBRAE, 2004). Die meisten Brennereien in Minas Gerais befinden sich im Norden, in den Regionen Jequitinhonha und Rio Doce, in wirtschaftlich benachteiligten Gebieten, in denen jede neue Einkommensquelle große soziale Auswirkungen hat (SEBRAE, 2004). Diese Zahlen geben eine Vorstellung davon, wie viel Hefe im Bundesstaat Minas Gerais produziert wird und wie die Restbiomasse für andere Zwecke genutzt werden könnte.

Die Industrie wird nur dann an der Verwendung von Biomasse interessiert sein, wenn die niedrigen Kosten und die Effizienz des Prozesses nachgewiesen sind. Die niedrigen Kosten hängen von einer groß angelegten Produktion ab, weshalb in dieser Arbeit das Potenzial der in Cachaça-Destillieranlagen erzeugten Biomasse überprüft werden soll. Die Wirksamkeit der Methode wird von Studien abhängen, die beweisen, dass die Hefebiomasse angemessene Mengen an Metall entfernt.

2 RELEVANZ UND RECHTFERTIGUNG

Die starke industrielle Entwicklung der letzten Jahrzehnte ist eine der Hauptursachen für die Verschmutzung unseres Wassers, unseres Bodens und unserer Luft, sei es durch Nachlässigkeit bei der Behandlung des Abwassers vor der Einleitung in die Flüsse oder durch Unfälle und immer häufiger auftretende Unachtsamkeiten, die zur Freisetzung zahlreicher Schadstoffe in alle Bereiche führen.

Zu diesen Schadstoffen gehören Schwermetalle, die ein großes Problem für die menschliche Gesundheit darstellen. Schwermetalle sind chemische Elemente mit einem relativ hohen Atomgewicht, die in hohen Konzentrationen sehr giftig für das Leben sind. Durch industrielle Aktivitäten sind Schwermetalle in viel größeren Mengen in das Wasser gelangt, als dies natürlich der Fall wäre, was zu einer Verschmutzung führt. Es genügt, sich daran zu erinnern, dass Schwermetalle in allen Ländern der Welt in den Abwässern der Großindustrie enthalten sind. Zu den Metallen, die als besonders gefährlich für die menschliche Gesundheit gelten, gehören Quecksilber, Kadmium, Chrom und Blei. Alle Lebensformen werden durch die Anwesenheit von Metallen beeinträchtigt, je nach Dosis und chemischer Form. Viele Metalle sind für das Wachstum aller Arten von Organismen, von Bakterien bis zum Menschen, unerlässlich, aber sie werden in Spurenkonzentrationen benötigt, bei deren Überschreitung sie biologische Systeme schädigen können.

Cadmium ist ein Schwermetall, das sowohl für den Menschen als auch für die Umwelt äußerst giftig ist. Es wird zunehmend bei der Herstellung von Farbpigmenten, Kunststoffen, Batterien und elektrolytischen Ablagerungen verwendet. Aus diesem Grund müssen die Metallrückstände behandelt werden, bevor sie in flüssige Abwässer entsorgt werden. Diese Behandlung erfolgt in der Regel mit chemischen Methoden, die zwar wirksam sein können, aber so teuer sind, dass sich ihr Einsatz oft nicht lohnt. Auf der Suche nach neuen Alternativen wurde die Bioremediation, d. h. der Einsatz von biologischen Materialien oder Organismen wie Bakterien, Pilzen, Hefen, Algen und Pflanzen, eingehend untersucht.

Die Entgiftung von Industrieabwässern mit Hilfe von Biomasse wird nur möglich sein, wenn die geringen Kosten und die Wirksamkeit des Verfahrens nachgewiesen sind. Die niedrigen Kosten des bioabsorbierenden Materials hängen von seiner großtechnischen Herstellung ab. Ziel dieser Studie war es daher, das Potenzial von Hefe-Biomasse aus Cachaça-Destillieranlagen zu prüfen, da es sich hierbei um einen wirtschaftlich bedeutenden Wirtschaftszweig im Bundesstaat Minas Gerais handelt und die Zucker-Alkohol-Industrie im ganzen Land eine große Menge an Hefe produziert. Ebenso wie die aus der Cachaça-Gärung isolierten Hefen haben wir auch die Fähigkeit der aus verschiedenen regionalen ökologischen Nischen isolierten Hefen zur Aufnahme von Cadmium untersucht.

Die Wirksamkeit der Methodik zur Verwendung von Hefen als biosorbierendes Material hängt von Studien ab, die beweisen, dass diese Mikroorganismen angemessene Mengen an Metall entfernen, weshalb in dieser Studie verschiedene Parameter in den Zellen und Parameter der Metallaufnahme gemessen wurden. Ziel dieser Studie war es daher, das Bioremediationspotenzial von Hefen, die aus der Cachaça-Gärung und aus regionalen Umgebungen isoliert wurden, für die Verwendung als Cadmium-Absorptionsmaterial in flüssigen Abwässern zu bewerten.

3 ZIELE

3.1 Allgemeines Ziel

Bewertung des Potenzials von Hefen, die bei der Gärung von Cachaça und aus regionalen ökologischen Nischen isoliert wurden, Cadmium unter Laborbedingungen abzuscheiden.

3.2 Spezifisches Ziel

- Verwendung verschiedener Hefestämme, die aus der Gärung von Cachaça isoliert wurden, und von Hefen verschiedener Gattungen und Arten, die aus ökologischen Nischen in der Region isoliert wurden und möglicherweise eine größere Menge an Cadmium aufnehmen können.

- Es sollte der Einfluss der Exposition gegenüber steigenden Konzentrationen von Cadmiumchlorid auf das Wachstum, die Hefetoleranz und den Trehalosegehalt der Zellen untersucht werden.

- Überprüfung des Einflusses verschiedener Cadmiumverbindungen auf den Einbau des Metalls in die Zellen.

- Prüfen Sie den Einfluss der Expositionszeit der Hefe gegenüber Cadmium auf die Einbindung des Metalls.

- Bestimmen Sie den Einfluss der Zellmasse auf die Cadmiumaufnahme.

- Bestimmung des Einflusses des Lebenszyklus der Hefe (exponentielle oder stationäre Phase) auf die Cadmiumaufnahme.

- Bestimmung des wirksamsten Mechanismus, den die Hefe zur Cadmiumbindung nutzt: passiver oder aktiver Mechanismus, unter Verwendung lebensfähiger und nicht lebensfähiger Zellen.

- Vergleich der aus der Fermentation von Cachaça und aus regionalen Nischen isolierten Stämme mit Laborhefestämmen: *Saccharomyces cerevisiae* W303-WT und *Saccharomyces cerevisiae* S288C in verschiedenen Aspekten.

4 METHODIK

4.1 Untersuchte Stämme

In dieser Studie wurden 17 verschiedene Hefestämme verwendet, davon 11 *Saccharomyces cerevisiae*, von denen neun aus Cachaça-produzierenden Brennereien im Bundesstaat Minas Gerais isoliert wurden. Zwei Stämme sind Laborstämme: *Saccharomyces cerevisiae* W303-WT und *Saccharomyces cerevisiae* S288C.

Die Hefen stammen aus der Sammlung von Professor Carlos Augusto Rosa im Labor für Ökologie und Biotechnologie der Abteilung für Mikrobiologie des ICB/UFMG. Die gesamte Methodik zum Sammeln, Isolieren und Identifizieren der Hefen ist in MORAIS et al, 1997 und PATARO et al, 2000 beschrieben. Die Hefen wurden mit herkömmlichen Methoden isoliert und charakterisiert (YARROW, 1998), und ihre Identität wurde anhand der taxonomischen Klassifikationsschlüssel von KURTZMAN & FELL 1998 überprüft.

Tabelle 1: In dieser Studie verwendete Stämme

Zellen	Brennerei/Herkunft	Stadt/Ort	Region
Saccharomyces cerevisiae W303-WT	Laborstamm (*MAT ade2-1 can1--100 trp1-1 his3-11, 15 leu2-3, 112 ura3-1*).	-	
Saccharomyces cerevisiae S288C	Laborstamm (*MATa his31-leu2 0 ura3 0 met15 0*).	-	
Saccharomyces cerevisiae 1011	Seleta Boazinha Brennerei	Salinas	Jequitinhonha
Saccharomyces cerevisiae 1978	Destillerie Galo Bravo	Salinas	Jequitinhonha
Saccharomyces cerevisiae 2041	Destillerie José Cruz	Salinas	Jequitinhonha
Saccharomyces cerevisiae 2049	Destillerie Sebastiao	Salinas	Jequitinhonha
Saccharomyces cerevisiae 2057	Destillerie Derci	Salinas	Jequitinhonha
Saccharomyces cerevisiae 2062	Destillerie Déia	Salinas	Jequitinhonha
Saccharomyces cerevisiae 2089	Brennerei Preciosa	Salinas	Jequitinhonha
Saccharomyces cerevisiae 2097	Seleta Boazinha Brennerei	Salinas	Jequitinhonha
Saccharomyces cerevisiae 2464	Seleta Boazinha Brennerei	Salinas	Jequitinhonha
Starmerela meliponinorum UFMG-J26.1	Isoliert aus dem Pollen der Biene Betim *Tetragonisca angustula* in einem Bienenstock		Rio Doce State Park Rio Doce Park

Pichia guilliermondii DC123.1 Isoliert von *Drosophila* spp UFMG Ökologische Station Rio Doce Park *Pichia membranaefaciens* DC 63.3 Isoliert von *Drosophila* spp UFMG Ökologische Station Rio Doce Park *Pichia kluyvera* DC 44. 3 Isoliert von *Drosophila* spp UFMG Ökologische Station Rio Doce Park

Candida cylindracea DC 44.2 Isoliert von *Drosophila* spp UFMG Ökologische Station Rio Doce Park

4.2 Kulturmedien

Alle Experimente wurden in YPG-Flüssigkulturmedium (2 % Glukose, 1 % Hefeextrakt, 2 % Pepton) durchgeführt. Wenn es notwendig war, Platten mit festem Medium zu verwenden, wurde dem YPG-Medium 2 % Agar zugesetzt.

4.3 Erhaltung von Hefestämmen im Labor

Wir haben drei verschiedene Techniken angewandt, um die Hefen im Labor zu lagern:

-Lagerung der Zellen in Mineralöl im Kühlschrank:

Eine Schleife mit den Zellen wurde in Röhrchen mit festem YPG-Medium beimpft, das zuvor gekippt wurde. Nach 48 Stunden bei 300 °C wurde sterilisiertes Mineralöl auf die Oberfläche der Hefen gegeben. ⁰Die Röhrchen wurden bei 4 °C gelagert.

-Erhaltung in Petrischalen:

Die Hefen wurden in Petrischalen mit festem YPG-Medium aufbewahrt und in regelmäßigen Abständen von den in einem Schrägrohr mit Mineralöl aufbewahrten Originalen nachgebildet. Die Platten wurden auch im Kühlschrank aufbewahrt.

-Erhaltung in Glycerinmedium:

⁰Die Stämme wurden in YPG-Medium unter Rühren bei 30 C vorgezüchtet, in der stationären Phase durch Zentrifugation abgetrennt und in Medium mit 1 % Hefeextrakt, 2 % Pepton und 25 % Glycerin resuspendiert. ⁰1 ml dieses Mediums, das die Zellen enthielt, wurde in kryogene Röhrchen überführt und in einem Gefrierschrank bei -70 C gelagert.

4.4 Experimentelles Protokoll

⁰Die Zellen wurden bei einer Temperatur von 30 C vorinkubiert, bei 160 U/min (Umdrehungen pro Minute) für einen Zeitraum von etwa 15 Stunden in flüssigem YPG-Medium geschüttelt. Anschließend wurde das Medium zentrifugiert (5 min, 1000 g), der Überstand verworfen und die Zellen für 3 Stunden in ein neues flüssiges YPG-Medium überführt. Diese 3 Stunden haben wir genutzt, um die Zellen in die exponentielle Wachstumsphase zu bringen. Die exponentielle Wachstumsphase wurde durch das Vorhandensein von Glukose im Medium überprüft. Die Anwesenheit von Glukose wurde mit Glukose-Indikatorstreifen im Urin überprüft. Je nach den experimentellen Anforderungen wurden die Zellen in YPG-Medium plus vorher festgelegte Konzentrationen von Cadmiumchlorid bebrütet. Cadmiumchlorid wurde in einer konzentrierten wässrigen Lösung autoklaviert und dann dem YPG-Medium zugesetzt. ⁰Die Zellen wurden dann im YPG-Medium bei 30 °C und unter Rühren bei 160 U/min für vorher festgelegte Zeiträume inkubiert. Die Inkubationszeit und die Cadmiumchloridkonzentration variierten je nach den Erfordernissen der einzelnen Versuche. Nach der festgelegten Zeit wurden die Zellen durch Vakuumfiltration mit Nitrocellulosefiltern mit einer Porengröße von 0,45 m und einem Durchmesser von 47 mm gesammelt. Die Zellen wurden zweimal mit

kaltem destilliertem Wasser gewaschen. ⁰Die Zellmasse wurde mit einem Spatel vom Filter entfernt, auf ein Stück Aluminiumpapier übertragen, in flüssigem Stickstoff eingefroren und bei -20 °C im Gefrierschrank gelagert. Diese gefrorene Zellmasse wurde dann für die gewünschten Dosierungen verwendet.

4.5 Wachstumskurve der Hefe

⁰Für die Hefewachstumskurve wurde ein Präinokulum jedes Stammes etwa 15 Stunden lang bei 30 °C und 160 U/min in YPG-Medium gezüchtet. Nach dieser Zeit wurde die optische Dichte der Kultur mit einem Spektralphotometer bei 660 nm überprüft. ⁰Eine Probe wurde in ein neues YPG-Medium beimpft und unter Schütteln bei 30 C bebrütet. Zu den festgelegten Zeitpunkten wurde eine Aliquote, in der Regel 100 Liter, entnommen und in 900 Liter Wasser gegeben. Das Wachstum wurde durch Messung der Trübung der Suspension bei 660 nm mit einem Spektralphotometer verfolgt. Falls erforderlich, wurden Verdünnungen in Wasser vorgenommen, um die Trübung zu messen.

4.6 Cadmium-Toleranztest.

⁰Die Zellen wurden bei einer Temperatur von 30 C und 160 U/min für etwa 15 Stunden in flüssigem YPG-Medium vorinkubiert. Anschließend wurde das Medium zentrifugiert (5 min, 1000 g), der Überstand verworfen und die Zellen für 3 Stunden in neues flüssiges YPG-Medium überführt. Die Zellen wurden dann mit einer Neubauer-Kammer gezählt. ⁶Nach der Zählung wurden 300 Liter YPG-Medium, das 1 x 10 Zellen/ml enthält, in die Vertiefungen einer Metallplatte gegeben. Das Oberteil der Metallplatte, das aus einem Stück mit Metallstäben bestand, wurde dann in jede Vertiefung eingesetzt. Nach 3 Minuten wurde der Deckel der Platte bei Raumtemperatur abgenommen und auf ein festes YPG-Medium mit steigenden Cadmiumchlorid-Konzentrationen gelegt. Die Petrischalen mit YPG-Festmedium und Cadmiumchlorid blieben vier Tage lang bei Raumtemperatur stehen. Nach dieser Zeit wurde das Wachstum der Zellen in den Platten mit Cadmium und in den Platten ohne Cadmium (Kontrolle) verglichen. Der Vergleich beruhte auf einer visuellen Inspektion, um festzustellen, welche Stämme Kolonien auf den Platten gebildet hatten.

4.7 Widerstandsinduktionstests

⁰Zur Durchführung dieses Versuchs wurden die Zellen etwa 15 Stunden lang bei 30 C und 160 U/min in flüssigem YPG-Medium vorinkubiert und dann durch Zentrifugation für 3 Stunden in ein neues flüssiges YPG-Medium überführt. Anschließend wurden die Zellen in YPG-Medium mit 2,5 ppm Cadmiumchlorid überführt. Nach 8 Stunden unter diesen Bedingungen wurden dem Medium, das bereits 2,5 ppm Cadmiumchlorid enthielt, weitere 50 ppm Cadmiumchlorid zugesetzt. ⁰Die Inkubation wurde für weitere 7 Stunden bei 30 °C und unter Rühren fortgesetzt. Parallel dazu wurden Kontrollinkubationen durchgeführt (ohne Cadmiumchlorid und Inkubationen mit 2,5 und 50 ppm Cadmiumchlorid). Anschließend wurde die Trübung bei 660 nm bestimmt, um das Wachstum zu überprüfen, und die Zellen wurden zur Bestimmung des Trehalosegehalts gesammelt.

4.8 Dosierung von Trehalose

Nach Durchführung des gewünschten Versuchsprotokolls wurden die in flüssigem Stickstoff eingefrorenen Zellen in konische Röhrchen überführt, auf Eis gelagert und gewogen. Anschließend wurden sie in 1 ml 0,25

M Na2CO3 resuspendiert, mit einem Vortex homogenisiert, 20 Minuten lang gekocht und 5 Minuten lang bei 1000 g zentrifugiert. Danach wurden 200 l des Überstands mit 1,2 N Essigsäure (Endkonzentration 0,30 N) auf pH 5,0-5,5 angesäuert (überprüft mit einem pH-Indikatorstreifen) und mit 300 mM Natriumacetat mit 30 mM CaCl2 gepuffert (Endkonzentration 75 mM Natriumacetat + 7,5 mM $CaCl_2$). Die Lösung wurde in einem Vortex gemischt und 100 l der Mischung wurden für die Bestimmung von Trehalose verwendet. Die Trehalose wurde enzymatisch mit einem aus dem Pilz *Humicola grisea* var. *thermoidea* extrahierten Trehalasepräparat bestimmt. Die Reaktion wurde 2 Stunden lang bei 40°C durchgeführt. Nach dieser Zeit wurden 50 Liter dieser Lösung verwendet, um die gebildete Glukose zu messen. Die gebildete Glukose wurde mit einem kommerziellen Kit von Bioclin (Glucose GOD - Clin) bestimmt. ⁰Die Reaktion fand bei 37 C für 15 Minuten statt. Das gebildete farbige Produkt wurde mit einem Spektralphotometer bei 505nm bestimmt. Alle Dosierungen wurden in doppelter Ausführung durchgeführt. Für jede Probe wurden parallele Inkubationen in Gegenwart von denaturierter Trehalase durchgeführt, um eine mögliche Glukosekontamination des Mediums zu überprüfen. Eine Einheit Trehalase wurde als die Enzymmenge definiert, die 1 Mol Glukose/g Feuchtgewicht freisetzt.

Die akkumulierte Trehalose wurde nach der von NEVES et al. (1994) beschriebenen Methode quantifiziert.

4.9 Extraktion von Trehalase aus *Humicola grisea*

⁰Trehalase wurde aus dem Pilz *Humicola grisea* var. *thermoidea* extrahiert, der 20 Tage lang bei 40 °C auf Haferflockenagar (4 % Haferflocken, 1,8 % Agar, in Leitungswasser) gewachsen war. ⁰Danach wurden die Kolben 5 Tage lang bei einer Temperatur von 4 C belassen, was die Menge der zu extrahierenden Trehalase erhöht. 10 ml destilliertes Wasser wurde in die Kolben gegeben und die Agaroberfläche mit einem Glasstab abgeschabt. Die entstandene Suspension wurde durch einen Trichter mit Gaze filtriert. Anschließend wurde die Suspension 40 Minuten lang bei 1000 g zentrifugiert. Dem Überstand wurde 1 % Kaolin (hydratisiertes Aluminiumsilikat/Sigma) zugesetzt, und das Gemisch wurde 20 Minuten lang unter sporadischem Rühren bei Raumtemperatur stehen gelassen. ⁰Die Lösung wurde 20 Minuten lang bei 1000 g zentrifugiert, der Überstand wurde jede Nacht gegen H_2O bei 4 C dialysiert. Die Suspension wurde in Röhrchen abgefüllt und eingefroren. Für jede hergestellte Enzymcharge wurden Aktivitätstests mit handelsüblicher Trehalose (Sigma) als Standard in Konzentrationen von 2, 5 und 10 mM durchgeführt.

4.10 Bestimmung des von der Zelle aufgenommenen Cadmiums

Wir haben die Neutronenaktivierungsanalyse zur Bestimmung des in die Zellen eingebauten Cadmiums eingesetzt. Die Neutronenaktivierungsanalyse ist als eines der wichtigsten Analyseinstrumente zur Bestimmung der chemischen Zusammensetzung von Elementen im Spurenbereich anerkannt worden. Das Prinzip dieser Technik besteht darin, in einer Probe künstliche Radioaktivität zu erzeugen, indem sie mit Neutronen bestrahlt wird, und dann die induzierte Aktivität durch den Nachweis von Gammastrahlung zu messen. Die physikalischen Phänomene, auf denen diese Analyse beruht, sind die Eigenschaften des Atomkerns, die Radioaktivität und die Wechselwirkung der Strahlung mit der Materie durch die Neutronen-Gamma-Reaktion (n,). Die emittierten Gammastrahlen, die so genannten Zerfallsgammastrahlen, haben eine für jedes Radionuklid charakteristische Energie. Daher können sie, wenn sie durch Gammaspektroskopie nachgewiesen werden, zur Identifizierung und Quantifizierung der in einer Probe vorhandenen chemischen Elemente verwendet werden. Etwa 70 % der natürlichen chemischen Elemente haben nukleare Eigenschaften, die für die Neutronenaktivierung geeignet sind. Die Neutronenaktivierungsanalyse ist ein Multielementverfahren, d. h. die Bestrahlung der Probe und die Gammaspektroskopie sind von Natur aus multisotopisch, so dass eine große Anzahl von Elementen gleichzeitig bestimmt werden kann (etwa 30 Elemente). Die Technik ist wenig störanfällig, da verschiedene Kombinationen von Bestrahlungs-, Abkling- und Zählzeiten sowie die Wahl verschiedener Gammaenergien für die Zählung nach der Bestrahlung möglich sind. Die Technik der Neutronenaktivierung ist sehr selektiv; Elemente, die mit herkömmlichen Analysetechniken schwer zu analysieren sind, lassen sich mit der Neutronenaktivierung relativ leicht analysieren. Zu diesen Elementen gehören seltene Erden, Edelmetalle und einige toxische Elemente wie Antimon und Arsen. Die Selektivität ist hauptsächlich auf die unterschiedlichen nuklearen Eigenschaften von Elementen mit ähnlichen chemischen Eigenschaften zurückzuführen. Die Empfindlichkeit der Technik ist hoch und hängt von vielen experimentellen Parametern ab, die sich einstellen lassen, sowie von den nuklearen Parametern und dem Neutronenfluss im Reaktor. Aufgrund der hohen Empfindlichkeit werden nur geringe Probenmengen benötigt, in manchen Fällen nur wenige Milligramm. Dies ist ein großer Vorteil bei der Analyse von kleinen Probenmengen oder wertvollen Proben.

Mit dieser Technik können feste, flüssige und gasförmige Matrices analysiert werden: Die Kernreaktion (n,) ist unabhängig vom physikalischen Zustand der Matrix. Die Methode ist zerstörungsfrei und die Probe wird weder visuell noch chemisch verändert.

Die Neutronenaktivierungsanalyse ist, wenn sie richtig durchgeführt wird, eine der präzisesten und genauesten Analysemethoden. Dies macht sie zu einem wichtigen Analyseinstrument für die Zertifizierung, Kalibrierung und den Vergleich von Proben im Spuren- und Ultraspurenbereich.

Im Laufe der Jahre hat diese Technik aufgrund von Fortschritten in der Computertechnik, der automatischen Handhabung von Proben, der Entwicklung von intrinsischen Germaniumdetektoren und geeigneten elektronischen Instrumenten bemerkenswerte Fortschritte gemacht (IAEA-TECDOC 435, 1987; IAEA-TECDOC 564, 1990; EHMANN & VANCE, 1991; KRUGER, 1971; DE SOETE et al, 1972).

Die Neutronenaktivierung wird in Forschungsreaktoren durchgeführt. In Brasilien nutzen nur zwei Forschungszentren die Neutronenaktivierung, das Nuclear Technology Development Centre (CDTN) in Belo Horizonte und das Nuclear and Energy Research Institute (IPEN) in Sao Paulo, die beide zur National Nuclear Energy Commission (CNEN) gehören.

Das Nuclear Technology Development Centre verfügt über den TRIGA IPR-1-Reaktor, der mit einem Drehtisch und einer Bestrahlungsvorrichtung ausgestattet ist, die speziell für diese Analysetechnik geeignet sind. Während der Bestrahlung dreht sich der Tisch mit einer konstanten Geschwindigkeit um den Reaktorkern, um einen gleichmäßigen Neutronenfluss in den Proben zu gewährleisten. [11-2-1]Derzeit beträgt die Leistung des Reaktors 100 kW, und bei dieser Leistung erreicht der Neutronenfluss einen Wert von etwa 6,6 10 n/cm s. [115]Die Halbwertszeit von Cd beträgt 2,2 Tage (MENEZES et al, 2003).

5 ERGEBNISSE

Unser erster Ansatz bestand darin, herauszufinden, welchen Einfluss die Anwesenheit von Cadmium auf die Wachstumskurve der Hefe *Saccharomyces cerevisiae* W303-WT, einem Laborstamm, hat.

Die Zellen des *Saccharomyces cerevisiae-Stammes* W303-WT in der Kontrollbedingung (kein Cadmium) zeigten das erwartete Wachstumsprofil: eine Zunahme der Zellzahl mit fortschreitender Zeit, die progressive Erhöhung der verwendeten Cadmiumkonzentration (2 ppm bis 50 ppm) verringerte das Wachstum der Hefen (Abbildung 1). Nach 2 Stunden wuchsen die Kontrollzellen und blieben 20 Stunden lang in der Exponentialphase. Bei den Zellen, die 2 ppm Cadmiumchlorid ausgesetzt waren, war das Wachstum im Vergleich zu den Kontrollzellen reduziert, aber im Vergleich zu den anderen Konzentrationen (5 ppm bis 50 ppm) wuchsen die Zellen, die 2 ppm Cadmiumchlorid ausgesetzt waren, schneller. In Gegenwart von 50 ppm Cadmiumchlorid war das Wachstum langsam, und nach 22 Stunden hatten die Zellen etwa 25 % des Wachstums der Zellen erreicht, die in Abwesenheit von Cadmiumchlorid bebrütet wurden (Kontrolle).

Nachdem wir festgestellt hatten, dass der Stamm *Saccharomyces cerevisiae* W303-WT auf die Anwesenheit von Cadmiumchlorid mit einer ausgeprägten Auswirkung auf das Wachstum reagiert, beschlossen wir zu prüfen, ob die Anwesenheit von Cadmium einen Einfluss auf die Akkumulation von Trehalose hat (Abbildung 2).

Abbildung 2 zeigt, dass der Trehalosegehalt in den Zellen in Gegenwart von Cadmiumchlorid im Vergleich zu den Zellen unter Kontrollbedingungen (ohne Cadmiumchlorid) anstieg. Es wurde beobachtet (Abbildung 2), dass mit zunehmender Cadmiumkonzentration auch die Trehalosekonzentration anstieg.

Die Zellen in der Kontrollbedingung wurden in der exponentiellen Wachstumsphase gesammelt und wiesen daher keine hohen Trehalosekonzentrationen auf. Es ist jedoch zu erkennen, dass das Vorhandensein von Cadmiumchlorid zu einem Anstieg des Trehalosegehalts führte, wenn steigende Konzentrationen dieser chemischen Verbindung zugegeben wurden.

Wurden die Zellen Cadmiumchlorid-Konzentrationen zwischen 50 ppm und 850 ppm ausgesetzt, stieg der Trehalosegehalt mit zunehmender Cadmiumchlorid-Konzentration an. Bei einer Konzentration von 1000 ppm war der Trehalosegehalt niedriger als bei Konzentrationen von 850 ppm, 750 ppm und 500 ppm. Diese

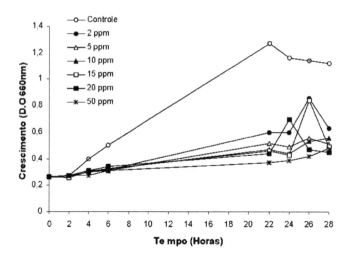

Figura 1 - **Einfluss verschiedener Konzentrationen von Cadmiumchlorid auf das Wachstum der Hefe *Saccharomyces cerevisiae* W303-WT (Laborstamm).**

[0]Die Zellen des Hefestamms *Saccharomyces cerevisiae* W303-WT wurden bei 30 °C und unter Rühren (160 U/min) etwa 15 Stunden lang in YPG-Medium bebrütet. Anschließend wurden sie durch Zentrifugation in ein neues YPG-Medium überführt und 3 Stunden lang unter den gleichen Bedingungen wie oben beschrieben belassen. Nach dieser Zeit wurde das Medium geteilt und jedem Teil die entsprechende Cadmiumkonzentration zugesetzt. Die Kontrollbedingung wurde in Abwesenheit von Cadmiumchlorid durchgeführt. Die Zellen wurden in Gegenwart von Cadmiumchlorid für die angegebene Zeit bebrütet, dann wurde eine Probe entnommen, um die Trübung zu analysieren. Die Bestimmungen wurden mit einem Spektralphotometer bei 660 nm durchgeführt.

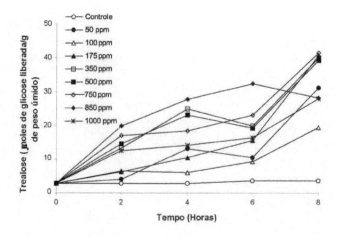

Figura 2 - **Einfluss steigender Cadmiumchlorid-Konzentrationen auf den Trehalosegehalt.**

⁰Die Zellen des Hefestamms *Saccharomyces cerevisiae* W303-WT wurden bei 30 °C unter Rühren (160 U/min) etwa 15 Stunden lang in YPG-Medium inkubiert. Anschließend wurden die Zellen durch Zentrifugation abgetrennt und für 3 Stunden unter den oben genannten Bedingungen in ein neues YPG-Medium überführt. Nach dieser Zeit wurde das Medium geteilt und jeder Teil wurde mit der angegebenen Cadmiumchloridkonzentration versetzt. Die Kontrollbedingung wurde in Abwesenheit von Cadmiumchlorid durchgeführt. Die Zellen verblieben unter diesen Bedingungen für einen Zeitraum von 8 Stunden. Zu den angegebenen Zeitpunkten wurden die Proben filtriert, in flüssigem Stickstoff eingefroren und in einem Gefrierschrank gelagert. Anschließend wurde die Zellmasse extrahiert, um Trehalose nach einer zuvor beschriebenen Methode zu messen. Die Trehalosewerte wurden in Mol freigesetzter Glukose pro Gramm Feuchtgewicht ausgedrückt.

Das Ergebnis zeigte, dass sich die Trehalose umso mehr anreicherte, je höher die verwendete Cadmiumchlorid-Konzentration war. Wenn die Zellen einer Konzentration von 1000 ppm Cadmiumchlorid ausgesetzt wurden, waren sie sehr giftig und nicht in der Lage, Trehalose zu synthetisieren.

In einem nächsten Schritt wurde geprüft, bei welcher Cadmiumkonzentration die Zellen wachsen und sich vermehren können. Tabelle 2 zeigt, dass alle verwendeten Hefen in der Lage waren, bei Konzentrationen von bis zu 15 ppm Cadmiumchlorid Kolonien zu bilden, mit Ausnahme des Laborstamms *Saccharomyces cerevisiae* W303-WT.

Die Stämme *Pichia kluyvera* und *Pichia guilliermondii* wuchsen bei einer Konzentration von 50 ppm Cadmiumchlorid nicht.

Die Stämme, die bei Konzentrationen von bis zu 50 ppm Cadmiumchlorid wuchsen, waren: *Starmerela meliponinorum*, *Candida cylindracea*, *Pichia membranaefaciens* und alle *Saccharomyces cerevisiae* Hefestämme, die aus der Cachaça-Fermentation isoliert wurden: *Saccharomyces cerevisiae* 1011, *Saccharomyces cerevisiae* 1978, *Saccharomyces cerevisiae* 2041, *Saccharomyces cerevisiae* 2049, *Saccharomyces cerevisiae* 2057, *Saccharomyces cerevisiae* 2062, *Saccharomyces cerevisiae* 2089, *Saccharomyces cerevisiae* 2097, *Saccharomyces cerevisiae* 2464 (Tabelle 2).

Der einzige Stamm, der in Gegenwart von bis zu 100 ppm Cadmiumchlorid wuchs und sich vermehrte, war die Hefe *Starmerela meliponinorum*.

Keiner der getesteten Stämme wuchs bei Konzentrationen von 500 ppm, 1000 ppm und 2000 ppm Cadmiumchlorid (Ergebnisse nicht gezeigt).

Nachdem festgestellt worden war, dass Cadmiumchlorid das Wachstum der Zellkulturen verringerte (Abbildung 1), die Trehalose-Synthese stimulierte (Abbildung 2) und die Teilung und Vermehrung der verschiedenen Hefestämme beeinträchtigte (Tabelle 2), wurden Experimente durchgeführt, um herauszufinden, ob die chemische Form, in der Cadmium den Zellen zugeführt wurde, einen Einfluss auf den Trehalosegehalt (Abbildung 3) und den Trehalose-Einbau (Abbildung 4) hatte. Zu diesem Zweck wurden dem Inkubationsmedium mit *Saccharomyces cerevisiae* W303-WT-Zellen jeweils 300 ppm der folgenden chemischen Verbindungen zugesetzt: Cadmiumchlorid, Cadmiumoxid, Cadmiumacetat, Cadmiumnitrat und Cadmiumsulfat.

Aus Abbildung 3 geht hervor, dass der Trehalosegehalt in Zellen, die 300 ppm der fünf Arten von Cadmiumsalzen ausgesetzt waren, im Vergleich zu den Daten von Kontrollzellen (ohne Cadmiumsalze) anstieg.

Tabelle 2 - Hefetoleranztest für Cadmium

Stämme / ppm $CdCl_2$	0	5	10	15	20	50	100	250
Saccharomyces cerevisiae W303-WT	C	C	C	N	N	N	N	N
Saccharomyces cerevisiae 1011	C	C	C	C	C	C	N	N
Saccharomyces cerevisiae 1978	C	C	C	C	C	C	N	N
Saccharomyces cerevisiae 2041	C	C	C	C	C	C	N	N
Saccharomyces cerevisiae 2049	C	C	C	C	C	C	N	N
Saccharomyces cerevisiae 2057	C	C	C	C	C	C	N	N
Saccharomyces cerevisiae 2062	C	C	C	C	C	C	N	N
Saccharomyces cerevisiae 2089	C	C	C	C	C	C	N	N
Saccharomyces cerevisiae 2097	C	C	C	C	C	C	N	N
Saccharomyces cerevisiae 2464	C	C	C	C	C	C	N	N
Starmerela meliponinorum	C	C	C	C	C	C	C	N
Candida cylindracea	C	C	C	C	C	C	N	N
Candida sorboxylosa	C	C	C	C	C	C	N	N
Pichia guilliermondii	C	C	C	C	C	N	N	N
Pichia kluyvera	C	C	C	C	C	N	N	N
Pichia membranaefaciens	C	C	C	C	C	C	N	N

Legende: C= Wachstum, N= kein Wachstum.

[0]Die Hefezellen der verschiedenen Stämme wurden bei 30 C unter Rühren (160 U/min) etwa 15 Stunden lang in YPG-Medium bebrütet. Danach wurden sie zentrifugiert und für 3 Stunden in ein neues Medium (YPG) unter den gleichen Bedingungen wie oben beschrieben überführt. [6]Nach dieser Zeit wurden 1 x 10 Zellen/ml in die Platte gegeben und auf festes YPG-Medium mit steigenden Konzentrationen von Cadmiumchlorid (5 ppm á 250 ppm) ausgebracht. Die Platten wurden vier Tage lang bei Raumtemperatur belassen. Das Wachstum der Kolonien auf den Platten wurde durch visuelle Inspektion analysiert, wobei das Wachstum der Kolonien auf der Kontrollplatte mit dem Wachstum der Kolonien verglichen wurde, die unterschiedlichen

Konzentrationen von Cadmiumchlorid ausgesetzt waren.

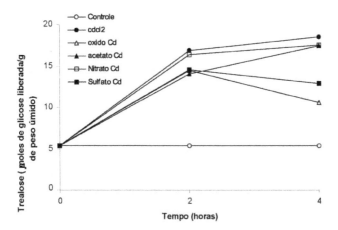

Figura 3 - **Bestimmung der Menge an Trehalose, die sich in der Hefe *Saccharomyces cerevisiae* W303-WT nach Exposition gegenüber verschiedenen Cadmiumverbindungen ansammelt**

⁰Die Zellen des Hefestamms *Saccharomyces cerevisiae* W303-WT wurden bei 30 °C und unter Rühren (160 U/min) etwa 15 Stunden lang in YPG-Medium bebrütet. Nach dieser Zeit wurde das Medium geteilt und jedem Teil wurden 300 ppm der folgenden chemischen Reagenzien zugesetzt: Cadmiumchlorid, Cadmiumoxid, Cadmiumacetat, Cadmiumnitrat und Cadmiumsulfat. Die Kontrollbedingungen wurden in Abwesenheit von Cadmium durchgeführt. Die Zellen verblieben unter diesen Bedingungen für einen Zeitraum von 4 Stunden. Zu den angegebenen Zeitpunkten wurden die Proben filtriert, in flüssigem Stickstoff eingefroren und in einem Gefrierschrank gelagert. Anschließend wurde die Zellmasse extrahiert, um Trehalose nach einer zuvor beschriebenen Methode zu messen. Die Trehalosewerte wurden in Mol freigesetzter Glukose pro Gramm Feuchtgewicht ausgedrückt.

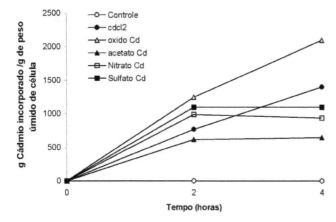

Figura 4 - Bestimmung der in den *Saccharomyces cerevisiae-Stamm* W303-WT eingebauten Cadmiummenge

⁰Die Zellen des Hefestamms *Saccharomyces cerevisiae* W303-WT wurden bei 30 °C und unter Rühren (160 U/min) etwa 15 Stunden lang in YPG-Medium bebrütet. Anschließend wurden die Zellen durch Zentrifugation abgetrennt und für 3 Stunden unter den gleichen Bedingungen wie oben in ein neues YPG-Medium überführt. Nach diesem Zeitraum wurde das Medium geteilt und jedem Teil wurden 300 ppm der folgenden chemischen Reagenzien zugesetzt: Cadmiumchlorid, Cadmiumoxid, Cadmiumacetat, Cadmiumnitrat und Cadmiumsulfat. Die Kontrollbedingungen wurden in Abwesenheit von Cadmium durchgeführt. Die Zellen verblieben unter diesen Bedingungen für einen Zeitraum von 4 Stunden. Zu den angegebenen Zeitpunkten wurden die Proben gefiltert, dreimal mit destilliertem Wasser gewaschen, in flüssigem Stickstoff eingefroren und in einem Gefrierschrank gelagert. Die Zellmasse wurde dann gewogen und zur Bestrahlung und anschließenden Bestimmung der von den Zellen aufgenommenen Cadmiummenge an den Triga-Reaktor geschickt. Die Werte wurden als Gramm aufgenommenes Cadmium pro Gramm feuchtes Zellgewicht ausgedrückt.

Anschließend wurde die Menge des von den Zellen aufgenommenen Cadmiums bestimmt, wenn das Metall in verschiedenen chemischen Formeln vorlag (Abbildung 4). Alle fünf verschiedenen Cadmiumsalze wurden von dem Hefezellstamm *Saccharomyces cerevisiae* W303-WT aufgenommen.

Cadmiumchlorid und Cadmiumoxid sorgten für eine relativ stärkere Einbindung des Metalls über den untersuchten Zeitraum. Cadmiumchlorid hatte auch einen Vorteil bei der Einleitung der Trehalose-Synthese gegenüber den anderen untersuchten Cadmiumsalzen. Es wurde jedoch beschlossen, in allen nachfolgend beschriebenen Versuchen Cadmiumchlorid zu verwenden.

Um zu prüfen, ob es möglich war, eine Resistenz gegen Cadmiumchlorid zu induzieren, wurden Zellen des Stammes *Saccharomyces cerevisiae* W303-WT verwendet. Die Zellen wurden 15 Stunden lang in Abwesenheit von Cadmiumchlorid und in Gegenwart von 2,5 ppm und 50 ppm Cadmiumchlorid inkubiert (Abbildung 5A und Abbildung 5B).

Im 8-Stunden-Zeitraum wuchsen die Zellen in der Kontrollbedingung ohne Probleme (Abbildung 5A). In Gegenwart von 2,5 ppm Cadmiumchlorid wurde das Wachstum um etwa 27 % gehemmt. In Gegenwart von 50 ppm Cadmiumchlorid wurde das Wachstum um etwa 55 % im Vergleich zum Wachstum der Zellen in der Kontrollbedingung gehemmt. Nach diesem 8-stündigen Zeitraum wurde die in Gegenwart von 2,5 ppm Cadmiumchlorid durchgeführte Inkubation in zwei Hälften geteilt. Ein Teil blieb in der gleichen Bedingung (2,5 ppm) und der andere Teil erhielt 50 ppm Cadmiumchlorid. Die Zellen, die weitere 50 ppm Cadmiumchlorid erhielten, wuchsen langsamer als die Zellen, die weiterhin 2,5 ppm Cadmiumchlorid erhielten, aber diese Wachstumsverringerung erreichte nicht die Werte, die für das Wachstum der Zellen ermittelt wurden, die während des gesamten Versuchs in 50 ppm Cadmiumchlorid blieben.

Dieses Ergebnis zeigt, dass die Vorbehandlung mit niedrigen Konzentrationen von Cadmiumchlorid den Zellen einen Vorteil verschafft, wenn sie höheren Konzentrationen dieses Metalls ausgesetzt werden. Im Vergleich zur Kontrolle führte die Anwesenheit von 2,5 ppm Cadmiumchlorid zu höheren

Trehalosekonzentrationen.

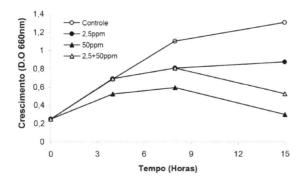

Abbildung 5 A- Präadaptation von Hefezellen in Gegenwart von Cadmiumchlorid.

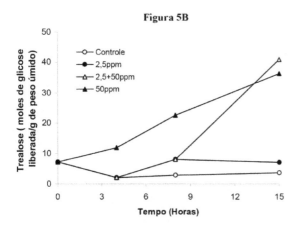

Abbildung 5B - Trehalose, die von den in Gegenwart von Cadmium bebrüteten Zellen akkumuliert wird.

[0]Der Hefestamm Saccharomyces cerevisiae W303-WT wurde bei 30 °C und unter Rühren (160 U/min) etwa 15 Stunden lang in YPG-Medium bebrütet. Anschließend wurde er durch Zentrifugation in ein neues YPG-Medium überführt und 3 Stunden lang unter den gleichen Bedingungen wie oben belassen. Nach dieser Zeit wurde das Medium in drei Teile geteilt: ein Teil blieb in YPG (Kontrolle), ein Teil wurde mit 2,5 ppm Cadmiumchlorid versetzt und der andere Teil mit 50 ppm Cadmiumchlorid. Nach 8 Stunden unter diesen Bedingungen wurde die Inkubation mit 2,5 ppm Cadmiumchlorid unterteilt. Ein Teil blieb unter den gleichen Bedingungen, d. h. mit 2,5 ppm Cadmiumchlorid, und der andere Teil wurde mit 50 ppm Cadmiumchlorid versetzt. Die Zellen wurden unter den oben beschriebenen Bedingungen bebrütet, und zu den angegebenen Zeiten wurden Proben für die Trübungsanalyse entnommen. Die Bestimmungen erfolgten mit einem Spektralphotometer bei 660 nm (Teil A) und zur Bestimmung des akkumulierten Trehalosegehalts (Teil B).

Die Trehalosewerte wurden in Mol freigesetzter Glukose pro Gramm Feuchtgewicht ausgedrückt.

In demselben Experiment, in dem das Wachstum der an niedrige Cadmiumchlorid-Konzentrationen angepassten Zellen überprüft wurde, wurden Proben entnommen, um den Trehalosegehalt in denselben Zellen zu bestimmen (Abbildung 5A und Abbildung 5B). Wie erwartet, synthetisierten die Kontrollzellen (ohne Cadmiumchlorid) keine Trehalose, da sie während dieser Zeit keinem Stress ausgesetzt waren, sich in Gegenwart von Glukose befanden und in der exponentiellen Wachstumsphase waren. Der Anstieg des Trehalosegehalts war jedoch gering, wenn die *Saccharomyces cerevisiae* W303 -WT-Zellen in Gegenwart von niedrigen Cadmiumchlorid-Konzentrationen (2,5 ppm) inkubiert wurden, Zellen, die einer höheren Cadmiumchlorid-Konzentration (50 ppm) ausgesetzt waren, wiesen im Vergleich zu Zellen, die direkt mit 2,5 ppm Cadmiumchlorid inkubiert wurden, einen deutlichen Anstieg der Trehalosekonzentration auf.

Die Zellen, die 8 Stunden lang 2,5 ppm Cadmiumchlorid ausgesetzt waren und dann weitere 50 ppm des Metalls erhielten, zeigten einen deutlichen Anstieg der Trehalosekonzentration im Vergleich zu den Zellen, die 15 Stunden lang in 2,5 ppm Cadmiumchlorid verblieben, aber im Vergleich zu den Zellen, die für den gleichen Zeitraum mit 50 ppm Cadmiumchlorid bebrütet wurden, war der Anstieg der Trehalosekonzentration irrelevant.

Die mit *Saccharomyces cerevisiae* W303-WT-Zellen (Laborstamm) erzielten Ergebnisse waren eindeutig: Die Anwesenheit von Cadmium in einer Konzentration von 2,5 ppm verringerte das Wachstum in 15 Stunden um etwa 40 % (Abbildung 5A), und die Anwesenheit von Cadmium in jeder der verwendeten Konzentrationen erhöhte die Synthese von Trehalose (Abbildung 2). Wir waren daran interessiert, herauszufinden, wie sich andere Hefen, die aus der Cachaça-Gärung und aus unserer Region isoliert wurden, gegenüber Cadmium verhalten würden, denn es ist bekannt, dass Mikroorganismen, die in Gärungsprozessen verwendet werden, großen Schwankungen chemischer, physikalischer und biologischer Parameter unterliegen und sehr widerstandsfähig gegenüber allen Stressfaktoren sind. Bei der Gärung von Zuckerrohrsaft zur Herstellung von Cachaça beispielsweise kommen die Hefen mit dem hohen Zuckergehalt des Mostes in Berührung, und dieser hohe Saccharosegehalt fördert einen starken osmotischen Stress in diesen Zellen. ⁰Weitere Beispiele für den Stress, der während der Gärung von Cachaça auftritt, sind der thermische Stress, wenn die Temperatur in den Gärbottichen im Sommer bis zu 41 °C erreichen kann, und der alkoholische Stress, wenn im Laufe der Gärung der Alkoholgehalt steigt. Obwohl die Hefen diesen Belastungen ausgesetzt sind, funktionieren sie bei der Gärung sehr gut, da sie an diese Aufgabe angepasst sind. Ausgehend von dieser Beobachtung entstand die folgende Idee: Könnte die Verwendung von Hefen, die aus der Gärung von Cachaça oder direkt aus der Umwelt isoliert wurden, widerstandsfähiger gegen die Anwesenheit von Cadmium sein? Zu diesem Zweck führten wir das in Abbildung 6 dargestellte Experiment durch, bei dem wir den Einfluss von 500 ppm Cadmiumchlorid für 3 Stunden auf das Wachstum verschiedener Hefegattungen und -arten überprüften.

Abbildung 6 zeigt, dass 500 ppm Cadmiumchlorid das Wachstum aller Stämme verringerte, es aber nicht vollständig hemmte. Einige Stämme wie *Saccharomyces cerevisiae* 1011 und *Saccharomyces cerevisiae* 2041 reagierten empfindlicher auf diese Cadmiumchlorid-Konzentration, während andere derselben Gattung und Art resistenter waren (z. B. *Saccharomyces cerevisiae* 1978). Der Stamm *Pichia guilliermondii* zeigte bei 500 ppm Cadmiumchlorid ein geringes Wachstum, aber das Wachstum des Stammes *Pichia kluyvera* wurde durch diese Cadmiumchloridkonzentration beeinträchtigt. Die Stämme *Candida cylindracea* und *Candida sorboxylosa* zeigten ein höheres Wachstum als die *Pichia-Stämme* und blieben näher am Wachstum der *Saccharomyces-Stämme*.

Die Fähigkeit, bei dieser Cadmiumchlorid-Konzentration zu wachsen, hängt nicht mit der verwendeten Gattung und Art zusammen und scheint ein zufälliges Phänomen zu sein, das mit dem betreffenden Stamm zusammenhängt.

Das in Abbildung 7 dargestellte Experiment wurde durchgeführt, um zu prüfen, ob die aus der Umwelt isolierten Hefen ebenso wie der Laborstamm (Abbildung 2) auf die Anwesenheit von Cadmium reagieren, indem sie den Trehalosegehalt erhöhen.

Bei den *Saccharomyces cerevisiae-Stämmen* fand in den Zellen, die in Gegenwart von 500 ppm Cadmiumchlorid bebrütet wurden, im Vergleich zu den Kontrollzellen (ohne Cadmiumchlorid) praktisch keine Trehalose-Synthese statt, aber die *Stämme Starmerela meliponinorum, Pichia guilliermondii, Pichia membranaefaciens, Pichia kluyvera, Candida sorboxylosa und Candida cylindracea* wiesen im Vergleich zu den Kontrollzellen und den anderen Stämmen der Gattung *Saccharomyces* hohe Werte an Trehalose auf (Abbildung 7).

Wir schließen aus diesem Ergebnis, dass die hohe Cadmiumchlorid-Konzentration (500 ppm) es einigen Stämmen erschwerte, hohe Mengen an Trehalose zu akkumulieren. Es war jedoch möglich, den Trehalosegehalt in einigen Stämmen experimentell zu erhöhen, indem 500 ppm Cadmiumchlorid während der dreistündigen Exposition gegenüber dieser chemischen Verbindung verwendet wurden.

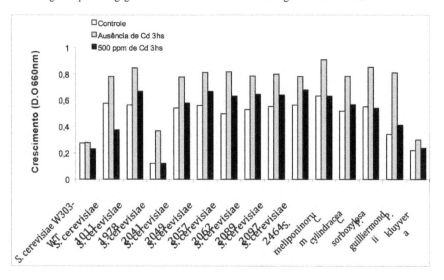

Abbildung 6 - Einfluss von 500 ppm Cadmium auf das Wachstum der verschiedenen Hefen.

⁰Die Zellen der verschiedenen Hefen wurden bei 30 °C und unter Rühren (160 U/min) etwa 15 Stunden lang in YPG-Medium bebrütet. Nach dieser Zeit wurden die Zellen durch Zentrifugation in ein neues YPG-Medium überführt und 3 Stunden lang unter den oben genannten Bedingungen belassen. Am Ende dieses Zeitraums wurden Proben genommen, um die O.D. (Kontrolle) zu bestimmen, und die Medien wurden geteilt. Ein Teil der Inkubation erhielt 500 ppm Cadmiumchlorid und ein Teil wurde ohne Cadmiumchloridzusatz belassen (Abwesenheit von Cadmiumchlorid 3 Stunden). Die Zellen blieben 3 Stunden lang unter diesen Bedingungen, als die Proben für die Trübungsanalyse entnommen wurden. Die Bestimmungen wurden mit einem Spektralphotometer bei 660 nm vorgenommen.

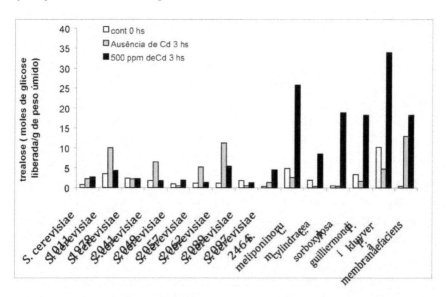

Abbildung 7 - Einfluss von 500 ppm Cadmiumchlorid auf den Trehalosegehalt der verschiedenen Hefestämme.

⁰Die Zellen der verschiedenen Hefen wurden bei 30 °C und unter Rühren (160 U/min) etwa 15 Stunden lang in YPG-Medium bebrütet. Nach dieser Zeit wurden die Zellen durch Zentrifugation in ein neues YPG-Medium überführt und 3 Stunden lang unter den oben genannten Bedingungen belassen. Am Ende dieses Zeitraums wurden Proben zur Messung der Trehalose (Kontrolle) entnommen und die Medien geteilt. Ein Teil der Inkubation wurde mit 500 ppm Cadmiumchlorid behandelt, ein anderer Teil folgte ohne Cadmiumchlorid (3 Stunden ohne Cadmiumchlorid). Die Zellen blieben 3 Stunden lang unter diesen Bedingungen, dann wurden Proben durch Filtration entnommen, in flüssigem Stickstoff eingefroren und in einem Gefrierschrank gelagert. Anschließend wurde die Zellmasse extrahiert, um Trehalose nach einer zuvor beschriebenen Methode zu messen. Die Trehalosewerte wurden in Mol freigesetzter Glukose pro Gramm Feuchtgewicht ausgedrückt.

Nachdem wir uns vergewissert hatten, dass die aus der Cachaça-Gärung und der Umwelt isolierten Hefen im Allgemeinen widerstandsfähiger gegen Cadmium sind, sind sie in der Lage, bei höheren Konzentrationen dieses Metalls zu wachsen und sich zu teilen, Im Vergleich zum Laborhefestamm *Saccharomyces cerevisiae* W303-WT (Tabelle 2) führten wir eine Reihe von Experimenten durch, um herauszufinden, inwieweit die Zellen der verschiedenen Hefestämme in der Lage sind, Cadmium aus dem extrazellulären Medium aufzunehmen und das Metall in der Zelle anzureichern.

Zunächst überprüften wir, wie viel Cadmium die W303-WT-Zellen *von Saccharomyces cerevisiae* aus dem extrazellulären Medium aufnehmen konnten und ob dieser Einbau von der Zeit und der Cadmiumkonzentration im Medium abhängig war. Die Ergebnisse sind in Abbildung 8 dargestellt. Die Zellen unter Kontrollbedingungen akkumulierten kein Cadmium, da sie diesem Metall nicht ausgesetzt waren. Als sie Konzentrationen von 100 ppm á 1500 ppm Cadmium ausgesetzt wurden, stellten wir fest, dass der Anstieg der Cadmiumkonzentration im Verhältnis zum Anstieg der Zeit zu einer stärkeren Cadmiuminkorporation führte (Abbildung 8). Daraus lässt sich schließen, dass die Zunahme der Cadmiumaufnahme von der Konzentration des Metalls und der Zeit, in der die Hefezellen mit diesem Metall in Kontakt waren, abhängig war.

Um zu prüfen, ob der Anteil der Zellmasse ein wichtiger Faktor für die Aufnahme von Cadmium durch die Zellen ist, wurden Versuche mit Zellen des Hefestamms *Saccharomyces cerevisiae* S288C (Laborstamm) mit zunehmender Zellmasse durchgeführt, wie aus Tabelle 3 ersichtlich ist. Die verschiedenen Zellmengen wurden mit der gleichen Cadmiumkonzentration (300 ppm) im gleichen Volumen (50 ml) über einen Zeitraum von 24 Stunden bebrütet. Es wurde festgestellt, dass trotz des großen Unterschieds zwischen den Zellmassen die aufgenommenen Cadmiummengen ähnlich waren und nur wenig variierten. Offensichtlich scheint die Menge der Zellen kein entscheidender Faktor für die Aufnahme des Metalls zu sein.

Nach der Durchführung von Experimenten zur Bewertung des Cadmiumeinbaus in Laborhefestämme (Abbildung 8 und Tabelle 3) wurden Versuche zur Überprüfung des Cadmiumeinbaus in verschiedenen Hefestämmen durchgeführt. Wir prüften, ob Hefezellen, die aus der Cachaça-Gärung oder aus der Umwelt isoliert wurden (Abbildung 9), mehr Cadmium aufnehmen konnten als der Labor-Hefestamm (Abbildung 9).

Die Zellen, die drei Stunden lang mit Cadmium in Berührung kamen, nahmen weniger Cadmium auf als die Zellen, die 24 Stunden lang mit dem Metall in Kontakt blieben.

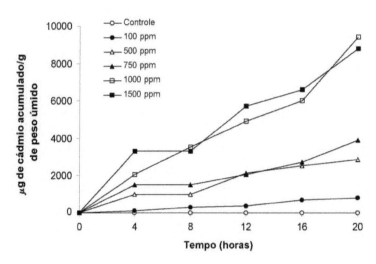

Figura 8 - Menge des von den Zellen *von Saccharomyces cerevisiae* W303-WT (Laborstamm) aufgenommenen Cadmiums

⁰Der Hefestamm *Saccharomyces cerevisiae* W303-WT wurde bei 30 °C und unter Rühren (160 U/min) etwa 15 Stunden lang in YPG-Medium bebrütet. Anschließend wurden die Zellen durch Zentrifugation abgetrennt und für 3 Stunden unter den gleichen Bedingungen wie oben in ein neues YPG-Medium überführt. Nach dieser Zeit wurde das Medium geteilt, und jedem Teil wurden die angegebenen Konzentrationen von Cadmiumchlorid zugesetzt. Die Kontrollbedingung wurde in Abwesenheit von Cadmium durchgeführt. Die Zellen verblieben unter diesen Bedingungen für folgende Zeiten: 4, 8, 12, 16 und 20 Stunden, dann wurden die Proben gefiltert, dreimal mit destilliertem Wasser gewaschen, in flüssigem Stickstoff eingefroren und in einem Gefrierschrank gelagert. Anschließend wurde die Zellmasse gewogen und zur Bestrahlung und anschließenden Bestimmung der von den Zellen aufgenommenen Cadmiummenge in den Triga-Reaktor geschickt. Die Werte wurden in Gramm aufgenommenes Cadmium pro Gramm nasses Zellgewicht angegeben.

Tabelle 3 - Einfluss zunehmender Zellmassen auf den Cadmiumeinbau.

Zeit (24 Stunden)	Kontrolle	0,77 Gramm Zellen	1,5 Gramm Zellen	2,8 Gramm Zellen	5 Gramm Zellen
Kumuliertes Cd	ND	200	180	200	200

Legende: ND = kein Cadmium nachgewiesen.

⁰Der Hefestamm *Saccharomyces cerevisiae* S288C wurde bei 30 °C und unter Rühren (160 U/min) etwa 15 Stunden lang in YPG-Medium bebrütet. Anschließend wurden sie in 50 ml YPG-Medium überführt und für 3 Stunden stehen gelassen. Nach dieser Zeit wurde eine Konzentration von 300 ppm Cadmium hinzugefügt. Die Zellen blieben 24 Stunden lang unter diesen Bedingungen, dann wurden die Proben gefiltert, dreimal mit destilliertem Wasser gewaschen, in flüssigem Stickstoff eingefroren und in einem Gefrierschrank gelagert.

Anschließend wurde die Zellmasse gewogen und zur Bestrahlung und anschließenden Bestimmung der von den Zellen aufgenommenen Cadmiummenge in den Triga-Reaktor geschickt. Die Werte wurden in Gramm aufgenommenes Cadmium pro Gramm nasses Zellgewicht angegeben.

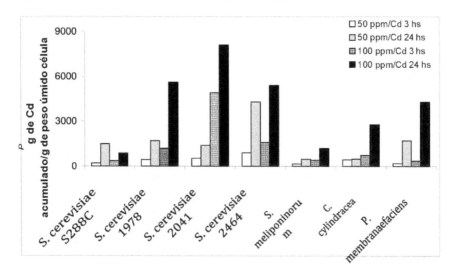

Figura 9 - Einfluss der Cadmium-Inkubationszeit auf den Metalleinbau.

⁰Die Zellen verschiedener Hefestämme wurden etwa 15 Stunden lang in flüssigem YPG-Medium unter Rühren (160 U/min) bei 30 °C vorinkubiert. Sie wurden durch Zentrifugation in ein neues YPG-Medium überführt und unter diesen Bedingungen 3 Stunden lang belassen. Nach dieser Zeit wurden die Inkubationen in drei Teile geteilt: Ein Teil wurde unter denselben Bedingungen belassen (Kontrolle), einem Teil wurden 50 ppm und dem anderen 100 ppm Cadmiumchlorid zugesetzt. Nach 3 und 24 Stunden wurden die Proben filtriert, dreimal mit destilliertem Wasser gewaschen, in flüssigem Stickstoff eingefroren und im Gefrierschrank gelagert. Die Zellmasse wurde dann gewogen und zur Bestrahlung und anschließenden Bestimmung der von den Zellen aufgenommenen Cadmiummenge in den Triga-Reaktor geschickt. Die Werte wurden in Gramm aufgenommenes Cadmium pro Gramm nasses Zellgewicht angegeben. In der Kontrollbedingung (kein Cadmium) wurde kein Cadmium nachgewiesen.

In diesem Versuch waren die Hefestämme, die den höchsten Cadmiumeinbau zeigten, *Saccharomyces cerevisiae* 2041, dann *Saccharomyces cerevisiae* 1978 und *Saccharomyces cerevisiae* 2064. Ein Vergleich aller Stämme zeigt, dass *Saccharomyces cerevisiae* S288C (Laborstamm) und *Starmerela meliponinorum* unter den verwendeten Bedingungen den geringsten Cadmiumeinbau aufweisen (Abbildung 9).

In Abbildung 9 wurden sieben verschiedene Hefestämme mit Konzentrationen von 50 ppm und 100 ppm Cadmium bebrütet. Es wurde festgestellt, dass die im extrazellulären Medium vorhandene Cadmiumkonzentration einen Einfluss auf die Fähigkeit der verschiedenen Hefestämme hatte, das Metall aufzunehmen. Es konnte auch festgestellt werden, dass diese Aufnahme zeitabhängig ist, d. h. je länger die

Zeit, desto größer die Aufnahme.

Die in Abbildung 9 dargestellten Ergebnisse zeigen Schwankungen beim Cadmiumeinbau, die möglicherweise von der Wachstumsphase abhängen. Um das Phänomen genauer zu beobachten, haben wir den in Abbildung 10 dargestellten Versuch durchgeführt, bei dem die Hefezellen in der stationären Phase gesammelt wurden und erst dann mit Cadmium in Kontakt kamen. Es ist zu erkennen, dass die meisten Hefen, wenn sie in der stationären Phase in Gegenwart von Cadmium beimpft wurden, weniger Cadmium aufnahmen als wenn sie in Gegenwart dieses Metalls wuchsen (Abbildung 9). Eine Ausnahme bildete *Saccharomyces cerevisiae* 2041, das unter diesen Bedingungen im Vergleich zu den anderen Stämmen eine beträchtliche Menge an Cadmium aufnahm.

Der Cadmiumeinbau scheint vom Wachstumsstadium der Zellen abhängig zu sein (Abbildung 9 und Abbildung 10).

Um die Art des von den Hefezellen verwendeten Inkorporationsmechanismus (passiv oder aktiv) zu vergleichen, wurden Versuche mit toten Zellen nach dem Autoklavieren durchgeführt. Die nicht lebensfähige Biomasse wurde 48 Stunden lang in einem Medium mit 50 ppm Cadmium inkubiert (Tabelle 4).

Wie aus Tabelle 4 hervorgeht, wurden die Zellen der verschiedenen nicht lebensfähigen Hefestämme in Gegenwart von 50 ppm Cadmium bebrütet, um die Art des Einbaus zu analysieren, der von diesen Stämmen vorgenommen wurde: ob es sich um eine passive Inkorporation (eine vom Stoffwechselzyklus des Mikroorganismus unabhängige Methode, die die Biosorption kennzeichnet - VOLESKY 1990a) oder um eine aktive Inkorporation (abhängig vom Stoffwechsel der Zelle, Transport des Metalls in das Zytoplasma und die Organellen, was die Bioakkumulation kennzeichnet - VOLESKY 1990a) handelt. Im Vergleich zu den Ergebnissen in Abbildung 10 (Zelle in stationärer Phase)

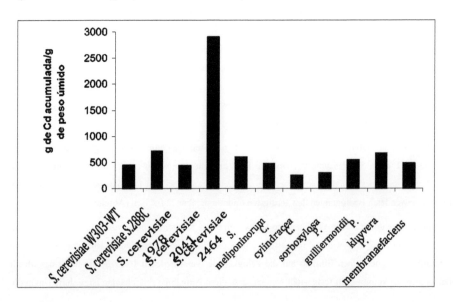

Figura 10 - Cadmiumeinbau in verschiedene Hefestämme, die in der stationären Phase gesammelt wurden.

⁰Die Zellen der verschiedenen Hefestämme wurden etwa 48 Stunden lang in YPG-Medium bebrütet, unter Rühren (160 U/min) bei 30 °C. Nach dieser Zeit wurden die Kulturen geteilt: Ein Teil blieb unter den gleichen Bedingungen (Kontrolle), der andere Teil wurde mit 50 ppm Cadmiumchlorid versetzt. Die Zellen verblieben weitere 12 Stunden unter diesen Bedingungen und wurden dann durch Filtration gesammelt, dreimal mit destilliertem Wasser gewaschen, in flüssigem Stickstoff eingefroren und im Gefrierschrank gelagert. Die Zellmasse wurde dann gewogen und zur Bestrahlung und anschließenden Bestimmung der von den Hefezellen aufgenommenen Cadmiummenge in den Triga-Reaktor geschickt. Die Werte wurden in Gramm aufgenommenes Cadmium pro Gramm nasses Zellgewicht angegeben. In der Kontrollbedingung (kein Cadmium) wurde kein Cadmium nachgewiesen.

Tabelle 4 - **Aufnahme von Cadmium durch nicht lebensfähige Biomasse in verschiedenen Hefestämmen**

Zellen	Kontrolle	50 ppm $CdCl_2$
Saccharomyces cerevisiae W303-WT	ND	3400
Saccharomyces cerevisiae 1011	ND	6900
Saccharomyces cerevisiae 1978	ND	5600
Saccharomyces cerevisiae 2041	ND	4000
Saccharomyces cerevisiae 2049	ND	4600
Saccharomyces cerevisiae 2057	ND	5500
Saccharomyces cerevisiae 2062	ND	5000
Saccharomyces cerevisiae 2089	ND	6100
Saccharomyces cerevisiae 2097	ND	4700
Saccharomyces cerevisiae 2464	ND	5500
Starmerela meliponinorum	ND	6200
Candida cylindracea	ND	3800
Candida sorboxylosa	ND	4200
Pichia guilliermondii	ND	5100
Pichia kluyvera	ND	2400
Pichia membranaefaciens	ND	3000

Legende: ND = kein Cadmium nachgewiesen

⁰Die verschiedenen Hefestämme wurden etwa 15 Stunden lang in flüssigem YPG-Medium vorinkubiert, wobei sie bei 30 °C mit 160 U/min geschüttelt wurden. Anschließend wurden sie in ein neues YPG-Medium überführt und 3 Stunden lang unter diesen Bedingungen belassen. Anschließend wurden sie autoklaviert, zentrifugiert und in einem neuen YPG-Medium mit 50 ppm Cadmium bebrütet. Die Zellen wurden 48 Stunden lang bebrütet, durch Filtration gesammelt, dreimal mit destilliertem Wasser gewaschen, in flüssigem Stickstoff eingefroren und in einem Gefrierschrank gelagert. Die Zellmasse wurde dann gewogen und zur Bestrahlung und anschließenden Bestimmung der von den Zellen aufgenommenen Cadmiummenge in den Triga-Reaktor

geschickt. Die Werte wurden in Gramm aufgenommenes Cadmium pro Gramm nasses Zellgewicht angegeben.

und denen in Abbildung 9 (Zellen in der exponentiellen und stationären Phase) können wir sehen, dass die Aufnahme von Cadmium durch die toten Zellen größer war als die der lebenden Zellen in den vorherigen Versuchen, als eine Konzentration von 50 ppm Cadmium verwendet wurde.

Um das Verständnis und die Diskussion der Ergebnisse zu erleichtern, werden im Folgenden einige der Ergebnisse verglichen.

Tabelle 5 zeigt den Einbau von Cadmium durch verschiedene Stämme, die in der exponentiellen Wachstumsphase gesammelt und mit drei verschiedenen Cadmiumkonzentrationen (50 ppm, 100 ppm und 500 ppm) inkubiert wurden. Es wurde beobachtet (Tabelle 5), dass die Erhöhung der Cadmiumkonzentration bei allen Stämmen zu einem Anstieg des Metalleinbaus führte, wenn sie in Gegenwart steigender Cadmiumkonzentrationen (50 ppm und 100 ppm) platziert wurden. Wurden die Zellen sechs Stunden lang in Gegenwart von 500 ppm Cadmium bebrütet, wiederholte sich das gleiche Phänomen bei den Hefestämmen *Saccharomyces cerevisiae* 1978 und *Saccharomyces cerevisiae* 2464 nicht, da sie im Vergleich zu den Daten, die nach der Exposition der Zellen gegenüber 50 ppm und 100 ppm Cadmium erhalten wurden, einen geringen Cadmiumeinbau aufwiesen.

Vergleicht man die Inkubationszeit, während der die Zellen mit Cadmium in Kontakt blieben (Tabelle 6), so zeigt sich, dass die Aufnahme des Metalls bei allen Stämmen umso größer war, je länger die Zellen mit Cadmium in Kontakt blieben. Die Hefestämme *Saccharomyces cerevisiae* nahmen in dieser Situation das meiste Cadmium auf, gefolgt von dem Hefestamm *Pichia membranaefaciens* und schließlich dem Laborstamm *Saccharomyces cerevisiae* S288C.

Tabelle 7 zeigt, dass die Zellen das Metall umso stärker aufnehmen, je länger sie dem Cadmium ausgesetzt waren. Eine Ausnahme bildete der Stamm *Saccharomyces cerevisiae* 2041, der nach 12 Stunden Inkubation mehr Metall aufnahm als nach 24 Stunden Inkubation. Die nicht lebensfähigen Zellen scheinen in der Tat eine größere Kapazität zur Aufnahme des Metalls zu haben, da die Expositionszeit gegenüber Cadmium unter diesen Bedingungen 12 Stunden betrug, aber alle Stämme nahmen in dieser Situation viel mehr Cadmium auf als wenn sie 24 Stunden lang lebendig exponiert waren. Tabelle 7 zeigt den Einfluss von 50 ppm Cadmium auf verschiedene Hefestämme, wenn die Zellen in drei verschiedenen Situationen gesammelt wurden. Die Schlussfolgerung ist, dass, wenn die verschiedenen Hefestämme der gleichen Cadmiumkonzentration (50 ppm) ausgesetzt wurden, aber in unterschiedlichen Situationen, die Zellen am meisten Cadmium aufnahmen, wenn sie dem Metall ausgesetzt waren, nachdem sie tot waren. Tabelle 7 zeigt, dass die Zellen am wenigsten Cadmium aufnahmen, wenn sie dem Metall 3 Stunden lang ausgesetzt waren.

Die Fähigkeit toter Zellen, Schwermetalle aufzunehmen, wurde eingehend untersucht. Es ist bereits bekannt, dass die Fähigkeit von toten Zellen, Metalle aufzunehmen, größer ist als die von lebenden Zellen (KAPOOR & VIRARAGHAVAN, 1995). Die Verwendung toter Biomasse ist für die Industrie praktikabler, da sie gegenüber der Verwendung lebender Biomasse größere Vorteile bietet. Lebende Zellen reagieren empfindlicher auf Metalle, und ihre Lebensfähigkeit wird durch mehrere Faktoren beeinträchtigt: Die Toxizität des Metalls, der pH-Wert des Mediums und die Temperatur sind alles Faktoren, die die Effizienz der lebenden Zellen bei der Aufnahme von mehr Metall als bei toten Zellen beeinträchtigen. Die Biosorption von Metallen mit lebenden Zellen ist jedoch komplizierter.

Tabelle 8 zeigt, dass die Inkubation nicht lebensfähiger Zellen in Gegenwart von Cadmium eine günstige Situation für die Zellen zur Aufnahme des Metalls zu sein scheint, denn im Vergleich zu einer längeren Einwirkungszeit des Metalls (24 Stunden) und einer höheren Cadmiumkonzentration (100 ppm) nimmt die aus toten Zellen bestehende Biomasse mehr Cadmium auf als in einer anderen Situation.

Tabelle 5 - Einfluss der Exposition gegenüber steigenden Cadmiumkonzentrationen auf die Metallinkorporation durch verschiedene Stämme.

Zellen	50 ppm 3 Stunden	100 ppm 3h	500 ppm 6 Stunden
Saccharomyces cerevisiae S288C	210	350	ND
Saccharomyces cerevisiae 1978	440	1200	250
Saccharomyces cerevisiae 2041	530	4900	12000
Saccharomyces cerevisiae 2464	910	1600	110
Starmerela meliponinorum	160	410	6000
Pichia membranaefaciens	190	350	ND
Candida cylindracea	440	730	4600

ND = Nicht bestimmt Cadmium.

Die Werte wurden in Gramm aufgenommenes Cadmium pro Gramm Feuchtgewicht der Zellen ausgedrückt.

Die Daten und Versuchsbedingungen für 50 ppm 3 Stunden und 100 ppm 3 Stunden wurden aus Abbildung 9 und die für 500 ppm aus Abbildung 7 übernommen.

Tabelle 6 - Einfluss der Inkubationszeit der verschiedenen Stämme in Gegenwart von 100 ppm Cadmium.

Zellen / Bedingungen	100 ppm 3h	100 ppm 24 Stunden
Saccharomyces cerevisiae S288C	350	880
Saccharomyces cerevisiae 1978	1200	5600
Saccharomyces cerevisiae 2041	4900	8100
Saccharomyces cerevisiae 2464	1600	5400
Starmerela meliponinorum	410	1200
Pichia membranaefaciens	350	4300
Candida cylindracea	730	2800

ND = Nicht bestimmt Cadmium.

Die Werte wurden in Gramm aufgenommenes Cadmium pro Gramm Feuchtgewicht der Zellen ausgedrückt.

Die Daten und Versuchsbedingungen sind aus Abbildung 9 zu entnehmen.

Tabelle 7 - Einfluss der Inkubationszeit und verschiedener Bedingungen auf den Cadmiumeinbau durch Hefe, die 50 ppm Cadmiumchlorid ausgesetzt war.

Zellen	[1] 50 ppm Stunden	[2] 50 ppm 24 Stunden	[3] 50 ppm 12 Stunden	[4] 50 ppm 48 Stunden Biomasse nicht lebensfähig
Saccharomyces cerevisiae W303- WT	ND	ND	450	3400
Saccharomyces cerevisiae S288C	210	1500	720	ND
Saccharomyces cerevisiae 1978	440	1700	440	5600
Saccharomyces cerevisiae 2041	530	1400	2900	4000
Saccharomyces cerevisiae 2464	910	4300	600	5500
Starmerela meliponinorum	160	460	470	6200
Candida cylindracea	440	480	ND	3800
Pichia membranaefaciens	190	1700	ND	3000

ND = Nicht bestimmt Cadmium.

Die Werte wurden in Gramm aufgenommenes Cadmium pro Gramm Feuchtgewicht der Zellen ausgedrückt.

Die Daten und Versuchsbedingungen für 50 ppm (3 Stunden und 24 Stunden) sind aus Abbildung 9 entnommen. Die Daten und Versuchsbedingungen für 50 ppm, 12 Stunden, wurden aus Abbildung 10 entnommen. Die Daten und Versuchsbedingungen für 50 ppm, 48 Stunden (nicht lebensfähige Biomasse) sind der Tabelle 4 zu entnehmen.

Die Zellen wurden in verschiedenen Situationen gesammelt:

1- Zellen in der exponentiellen Wachstumsphase wurden 3 Stunden lang in Gegenwart von 50 ppm Cadmium inkubiert, danach wurden die Zellen gesammelt;

2- Zellen, die sich in der exponentiellen Wachstumsphase befanden, wurden 24 Stunden lang in Gegenwart von 50 ppm Cadmium bebrütet und anschließend entnommen;

3- Zellen in der stationären Phase (nach 48 Stunden), dann wurde 50 ppm Cadmium hinzugefügt. Die Zellen blieben 12 Stunden lang in Kontakt mit dem Metall und wurden dann eingesammelt;

4- Die Zellen wurden 12 Stunden lang in YPG-Medium inkubiert, dann autoklaviert und anschließend mit 50 ppm Cadmium versetzt. Die Zellen blieben in dieser Situation 48 Stunden lang und wurden dann entnommen.

Tabelle 8 - Einfluss der Inkubationszeit und verschiedener Bedingungen auf den Cadmiumeinbau durch verschiedene Hefestämme in Gegenwart von 50 ppm und 100 ppm Cadmiumchlorid.

Zellen	100 ppm Stunden	[24] 50 ppm 48 hs
Saccharomyces cerevisiae S288C	880	ND
Saccharomyces cerevisiae 1978	5600	5600
Saccharomyces cerevisiae 2041	8100	4000
Saccharomyces cerevisiae 2464	5400	5500

Starmerela meliponinorum	1200	6200
Candida cylindracea	4300	3800
Pichia membranaefaciens	2800	3000

ND = Nicht bestimmt Cadmium.

Die Werte wurden in Gramm aufgenommenes Cadmium pro Gramm Feuchtgewicht der Zellen ausgedrückt.

Die Daten und Versuchsbedingungen für 100 ppm (24 Stunden) sind Abbildung 9 entnommen. Daten und Versuchsbedingungen für 50 ppm 48 Stunden (Biomasse nicht lebensfähig) sind Tabelle 4 zu entnehmen.

6 DISKUSSION

In dieser Arbeit untersuchten wir verschiedene biologische, physiologische und chemische Parameter, um Hefen auszuwählen, die effizient Cadmium aus wässrigen Medien binden können.

Bei der Hefe wurden folgende biologische Parameter untersucht: Zellwachstum in Flüssigkultur, Koloniebildung in festem Medium, Cadmiumtoleranz, Trehalosegehalt nach Cadmiumexposition, Induktion von Metallresistenz, Cadmiumaufnahme durch Zellen. Die bei der Hefe untersuchten physiologischen Parameter waren: verschiedene Phasen des Zellwachstums, Zelldichte des Inokulums, Fähigkeit zur Metallaufnahme durch lebende und tote Zellen. Die untersuchten chemischen Parameter waren: verschiedene Cadmiumkonzentrationen, chemische Form des Cadmiums, Expositionszeit gegenüber dem Metall.

Die Studie wurde zunächst mit einem Laborhefestamm durchgeführt. Ziel war es, Referenzwerte für die Suche nach einer effizienten Hefe für die Metallaufnahme zu erhalten. Anschließend verwendeten wir Hefen, die bei der Gärung von in der Region Minas Gerais hergestelltem Cachaça eingesetzt werden, sowie Hefen, die aus regionalen ökologischen Nischen isoliert wurden.

Kadmium wurde ausgewählt, weil es ein toxisches Metall ist, das mit verschiedenen Gesundheitsproblemen in Verbindung gebracht wird (ATSDR, 1997; WHO, 1992). Cadmium ist in natürlichen Gewässern aufgrund industrieller Abwässer vorhanden, vor allem in der Galvanik, der Pigmentherstellung, beim Schweißen, in elektronischen Geräten, Schmiermitteln und fotografischem Zubehör. Auch die Verbrennung fossiler Brennstoffe ist eine Quelle für die Freisetzung von Cadmium in die Umwelt (ILO, 1998; MEDITEXT, 2000).

Beim Menschen kann Cadmium eine chronische Wirkung haben, da es sich in den Nieren, der Leber, der Bauchspeicheldrüse und der Schilddrüse anreichert, sowie eine akute Wirkung, bei der eine einzige Dosis von 9,0 Gramm zum Tod führen kann (LÓPEZ-ALONSO et al, 2000).

Cadmium ist ein Element ohne biologische Funktion, mit der einzigen bekannten Ausnahme der Kohlensäureanhydrase der Alge *Thalassiosira weissflogi* (LANE et al, 2005), die von dem Metall abhängig ist. Sie ist bereits bei niedrigen Konzentrationen toxisch. Alle untersuchten Stämme, sowohl die Laborstämme als auch die aus der Cachaça-Gärung oder aus der Region isolierten Stämme, waren gegenüber Cadmium empfindlich. Abbildung 1 zeigt, dass die Anwesenheit von 2,0 ppm Cadmiumchlorid das Wachstum des Laborstamms von *Saccharomyces cerevisiae* beeinträchtigt. Bei allen verwendeten Konzentrationen über 2,0 ppm Cadmiumchlorid kam es während des 28-stündigen Untersuchungszeitraums zu einer erheblichen Wachstumshemmung. Die gleiche wachstumshemmende Wirkung wurde auch bei Hefen festgestellt, die aus der Cachaça-Gärung und aus der Region isoliert wurden (Abbildung 6).

GHARIEB (2001), der mit dem Pilz *Fusarium sp.* arbeitete, zeigte, dass die Wachstumshemmung mit steigender Cadmiumkonzentration im Medium zunahm. Der Literatur zufolge ist die hemmende Wirkung von Cadmium auf das Zellwachstum auf verschiedene Faktoren zurückzuführen, die alle mit der Blockierung funktioneller Gruppen wichtiger Moleküle wie Enzyme, Polynukleotide, Ionentransportsysteme oder Nährstoffe und dem Ersatz essenzieller Ionen an aktiven Stellen zusammenhängen (GHARIEB, 2001).

Cadmium induziert die Bildung von freien Radikalen nicht durch die Fenton-Reaktion, sondern durch seine Reaktion mit Thiolgruppen. Proteomische Untersuchungen an der Hefe *Saccharomyces cerevisiae* zeigen, dass die Expression zahlreicher Proteine als Reaktion auf Cadmium verändert wird, insbesondere von Enzymen, die für die Sulfatassimilation verantwortlich sind, von Hitzeschockproteinen, Enzymen für oxidativen Stress, Proteasen und Enzymen des Kohlenhydratstoffwechsels. Die offensichtlichsten Veränderungen bei den Proteasen und den Enzymen des Kohlenhydratstoffwechsels sind das Auftreten von Isoformen mit niedrigem Schwefelgehalt, die synthetisiert werden, um den Platz bereits vorhandener Enzyme einzunehmen. In Abwesenheit von Cadmium beträgt die Menge des in diese Proteine eingebauten Sulfats 79 %, in Gegenwart von Cadmium sinkt sie jedoch auf 19 %. Die sulfathaltigen Aminosäuren werden also auf den Syntheseweg für Glutathion (GSH) gelenkt. Die Tatsache, dass diese neuen Enzyme weniger sulfathaltige Aminosäuren haben, macht sie weniger anfällig für die schädliche Wirkung von Cadmium, da es sich nun mit geringerer Affinität an sie bindet und frei bleibt (MENDOZA-CÓZATL et al, 2004). Cd-resistente Stämme *von Saccharomyces cerevisiae* sind durch die Produktion großer Mengen von Metallothionein und Phytochelatinen, die das Metall binden, vor Cadmiumtoxizität geschützt (GHARIEB, 2001).

[+++2+2]Es wird angenommen, dass die toxische Wirkung von Cadmium auch eine Folge der strukturellen Schädigung der Plasmamembran ist, möglicherweise durch Bindung an organische Komponenten wie Sulfhydrylgruppen und durch Veränderung der Durchlässigkeit wichtiger Ionen wie Na, K, Mg und Ca. Diese Ionen liegen in biologischen Systemen in relativ hohen Konzentrationen vor und sind für verschiedene zelluläre Funktionen von wesentlicher Bedeutung, darunter die Bildung von Ladungen und Konzentrationsgradienten durch Membranen, die für Transportprozesse, osmotische Reaktionen, die Aufrechterhaltung des zytoplasmatischen pH-Werts, die Stabilisierung von Ribosomen und Nukleinsäuren sowie die Aktivierung von Enzymen zur Synthese von DNA, RNA und Proteinen genutzt werden (GHARIEB, 2001). Cadmium kann in *Saccharomyces cerevisiae* über den Zink-Transporter aus der extrazellulären Umgebung in das Zellinnere transportiert werden, was auf die Ähnlichkeit der chemischen Koordination der beiden Metalle zurückzuführen ist (GOMES et al., 2002).

Schließlich können wir davon ausgehen, dass die Toxizität von Metallen in lebenden Organismen auf oxidativen oder genotoxischen Mechanismen beruht. Diese oxidativen oder genotoxischen Mechanismen beruhen auf den physikalischen und chemischen Eigenschaften der Metalle. Je nach Metall gibt es einen molekularen Mechanismus. [22]In der Praxis werden bis zu drei molekulare Mechanismen der Schwermetalltoxizität vorgeschlagen: Erzeugung reaktiver Spezies durch Autooxidation und die Fenton-Reaktion (Fe, Cu), Blockierung wesentlicher funktioneller Gruppen in Biomolekülen (Cd, Hg) und Verdrängung von Metallionen aus Biomolekülen (z. B. Cd anstelle von Ca^+ oder Zn^+) (GOMES et al., 2002; ALKORTA et al., 2004). Studien deuten darauf hin, dass die genotoxische Wirkung von Cadmium mit der Inaktivierung von Reparatursystemen zusammenhängt, was zu einer Hypermutabilität führt (MCMURARY & TAINER, 2003). Im Allgemeinen umfassen die DNA-Reparatursysteme die Umkehrung direkter Schäden, die Basen-Exzision, die Nukleotid-Exzision, die Reparatur von Doppelstrangbrüchen und die Mismatch-Reparatur. Beim Menschen und bei der Hefe *Saccharomyces cerevisiae* tritt die Wirkung von Cadmium auf, weil das Metall spezifisch das Mismatch-Reparatursystem inaktiviert, es handelt sich also nicht um eine direkte

Wirkung des Metalls auf die DNA, sondern um die Hemmung einer spezifischen Art der DNA-Reparatur (MCMURARY & TAINER, 2003).

Cadmium ist als toxisches (ATSDR, 1997; WHO, 1992) und nicht essentielles Metall ein starker Stressor (BRENNAN & SCHIESTL, 1996). Zellen reagieren auf unterschiedlichste Belastungen auf verschiedene Weise: durch Hemmung aller Gene, die für die neue Situation nicht essentiell sind, und durch starke Stimulierung von Genen, die in irgendeiner Weise an der betreffenden Belastung beteiligt sind oder die Zelle in irgendeiner Weise schützen können (LINDQUIST & CRAIG, 1988). Unser Ziel war es daher, herauszufinden, ob die Zellen auf die Anwesenheit von Cadmium mit der Synthese von Trehalose reagieren. Die Entscheidung, den Trehalosegehalt zu bestimmen, war darauf zurückzuführen, dass dieses Kohlenhydrat ein unspezifischer Marker für Stress ist und sein Gehalt im Allgemeinen in einer Vielzahl von Situationen, die als schädlich für Hefezellen angesehen werden, erhöht ist (VAN LAERE, 1989). Abbildung 2 zeigt, dass ein Anstieg der Cadmiumkonzentration zu einem Anstieg der von dem Laborhefestamm akkumulierten Trehalosekonzentration führt. Die gleiche Reaktion auf die Trehalose-Synthese ist bei den aus der Cachaça-Gärung isolierten Stämmen und bei den aus der Region isolierten Stämmen zu beobachten (Abbildung 7), allerdings sind die Ergebnisse in diesem Protokoll nicht so eindeutig wie bei dem Laborstamm (Abbildung 2), Angesichts unseres Interesses, den Versuch in einer Situation mit hoher Cadmiumkonzentration (500 ppm) durchzuführen, da unser Ziel darin besteht, eine Hefe auszuwählen, die Cadmium in stark verschmutzten Industrieabwässern aufnehmen kann.

Die Stämme *Saccharomyces cerevisiae* 1011, *Saccharomyces cerevisiae* 2057, *Saccharomyces cerevisiae* 2464, *Starmerela meliponinorum, Candida cylindracea, Candida sorboxylosa, Pichia guilliermondii, Pichia kluyvera* und *Pichia membranaefaciens* waren in der Lage, im Vergleich zur Kontrolle mehr Trehalose zu akkumulieren, wenn sie in Gegenwart von 500 ppm $CdCl_2$ inkubiert wurden. Natürlich ist dies eine tödliche Konzentration (Tabelle 2), aber in den drei Stunden, in denen die Zellen mit dieser hohen Metallkonzentration in Berührung kamen, konnten sie hohe Mengen an Trehalose anreichern. Zellen mit hohen Trehalosekonzentrationen sind im Allgemeinen widerstandsfähiger (LILLIE & PRINGLE, 1980).

Die erste Funktion, die der Trehalose zugeschrieben wurde, war die eines Reservekohlenhydrats (ELBEIN, 1974). Später wurden Zusammenhänge zwischen dem Trehalosegehalt und der Resistenz gegen verschiedene Stressbedingungen hergestellt. So schützt das Disaccharid Trehalose vor Austrocknungsstress (D'AMORE et al, 1991; GADD et al, 1987; HOTTINGER et al, 1987), hohen Temperaturen (HOTTINGER et al, 1987; NEVES & FRANÇOIS, 1992), Gefrieren (LEWIS et al, 1995), erhöhtem hydrostatischem Druck (FERNANDES et al, 2001), Oxidationsmitteln wie Ethanol, Kupfersulfat, Wasserstoffperoxid (LUCERO et al, 2000; MANSURE et al, 1994; RIBEIRO et al, 1999), osmotischem Stress (HOUNSA et al, 1998) und Schwermetallen (ATTFIELD, 1987).

Die Schutzfunktion von Trehalose scheint nur bei Austrocknung und Hitzeschock deutlich zu sein. Während des Austrocknungsprozesses oder der Dehydrierung verlieren biologische Membranen ihre strukturelle und funktionelle Integrität. Es wird angenommen, dass Trehalose mit Membranphospholipiden interagiert und Wasserstoffbrücken mit deren OH-Gruppen und Phosphatgruppen bildet. Diese Wasserstoffbrücken könnten anstelle von Wasser um die Phospholipide herum treten und so dehydrierte Membranen stabilisieren (CROWE et al, 1991; DE ARAUJO et al, 1991; ELEUTHERIO et al, 1993). Bei einem Temperaturanstieg (Hitzeschock) verhindert das Vorhandensein von Trehalose die Aggregation von Proteinen, die durch den thermischen Effekt denaturiert wurden, und erhält so den aktiven Konformationszustand der Proteine aufrecht (SINGER & LINDQUIST, 1998). Bei allen anderen Stresssituationen, bei denen sich Trehalose anreichert, ist ihre Funktion unbekannt.

Trotz all dieser Überlegungen müssen wir betonen, dass wir in unseren Experimenten keine ausgeprägte Schutzfunktion von Trehalose feststellen konnten (Abbildungen 5A und 5B). In diesen Experimenten (Abbildungen 5A und 5B) haben wir die Trehalose-Synthese mit einer Konzentration von 2,5 ppm Cadmiumchlorid induziert und dann weitere 50 ppm Cadmiumchlorid zu den Zellen gegeben, die erhöhte Trehalose-Konzentrationen hatten. Wir konnten nicht feststellen, dass das Vorhandensein hoher Trehalosekonzentrationen ein zusätzlicher Vorteil für die Zellen war, um unter diesen toxischen Bedingungen weiter zu wachsen. Dieser fehlende Zusammenhang zwischen erhöhtem Trehalosegehalt und Schutz wurde bereits von anderen Autoren bestätigt (ALEXANDRE et al., 1998), aber bis heute gibt es kein klares Verständnis dafür, warum die Zelle so viel Trehalose synthetisiert, wenn sie nicht geschützt werden soll. Natürlich muss man immer bedenken, dass die verschiedenen Genschaltungen zur Erkennung von Stress und zur Aktivierung von Genen miteinander verbunden sind und sich überschneiden, so dass sie nicht sehr spezifisch sind (BANUETT, 1998). Eine weitere wichtige Überlegung ist, dass Perioden reduzierten Wachstums mit hohen Trehalosekonzentrationen verbunden sind. So weisen Zellen in der stationären Phase oder Zellen, die aufgrund eines Mangels an essentiellen Nährstoffen wie Kohlenstoff, Stickstoff, Schwefel und Phosphat nicht wachsen können (LILLIE & PRINGLE, 1980), oder ruhende Zellen wie Sporen (INOUE & SHIMODA, 1981). Konidien (HANKS & SUSSMAN, 1969) und Ascosporen (SUSSMAN & LINGAPPA, 1959) hohe Trehalosekonzentrationen auf. In diesem Fall ist eindeutig eine Wachstumsverringerung festzustellen (Abb. 1 und Abb. 6), und vielleicht kann man darüber spekulieren, dass diese Schwierigkeit, den normalen Zellzyklus fortzusetzen, die Synthese von Trehalose signalisiert und nicht das Vorhandensein eines Stressfaktors. Diese Möglichkeit wurde bereits von THEVELEIN (1996) vorgeschlagen, obwohl sich der Autor nicht mit dem spezifischen Fall von Cadmium befasste, sondern mit der globalen Rolle, die Trehalose im Lebenszyklus der Hefe *Saccharomyces cerevisiae* spielen kann.

Das Vorhandensein von Schwermetallen wirkt sich auf die Stoffwechselaktivität von Pilz- und Hefekulturen aus und kann kommerzielle Gärungsprozesse beeinträchtigen. Die Auswirkung der Anwesenheit von Schwermetallen auf kommerzielle Fermentationsprozesse hat das Interesse geweckt, das Verhalten von Pilzen in ihrer Anwesenheit zu korrelieren. Die Ergebnisse dieser Studien führten zu dem Konzept, dass Pilze und Hefen zur Entfernung von Schwermetallen aus Industrieabwässern eingesetzt werden könnten.

Aufgrund ihres unveränderlichen Charakters sind Metalle eine Gruppe von Schadstoffen, der viel Aufmerksamkeit gewidmet wird. Tatsächlich sind viele Metalle für biologische Systeme unerlässlich und müssen in bestimmten Konzentrationen vorhanden sein. Wenn die Metallkonzentration über bestimmte Parameter hinaus ansteigt, können Metalle schädlich wirken, indem sie wichtige funktionelle Gruppen blockieren, andere Metalle verdrängen oder die Konformation biologischer Moleküle verändern.

Als Folge menschlicher Aktivitäten wie Bergbau, Galvanik, Herstellung von Brennstoffen, Energie, Düngemitteln und Anwendung von Pestiziden ist die Metallverschmutzung eines der größten Umwelt- und Gesundheitsprobleme unserer Zeit. Große Mengen an Schwermetallen werden als Industrieabfälle oder Industrieabwässer in die Umwelt freigesetzt und gelangen so in die Gewässer, was zu einer zunehmenden Verschmutzung der aquatischen Systeme beiträgt (BABICH & STOTZKY, 1980). Strengere Umweltvorschriften, ökologische Probleme und die hohen Kosten herkömmlicher Technologien zur Behandlung schwermetallhaltiger Abwässer haben dazu geführt, dass nach unkonventionellen Technologien gesucht wird. Viele Hefen, Mikroorganismen und Algen sind für ihre Fähigkeit bekannt, Schwermetalle aus wässrigen Lösungen zu konzentrieren und sie in ihrem Inneren oder auf der Oberfläche ihrer Zellstrukturen anzureichern (BRADY & DUNCAN, 1994; VOLESKY & MAY- PHILLIPS, 1995; GOMES, et al, 2002; GADD, 1986; HUANG et al, 1988a; KAPOOR & VIRARAGHAVAN, 1995; GAVRILESCU, 2004; VOLESKY, 1990a). Diese Arbeit ist Teil der Suche nach neuen Alternativen zur Verringerung der Konzentration von Metallen, die die Umwelt verschmutzen können.

Pilze und Hefen sind leicht zu züchten und produzieren eine große Menge an Biomasse. Sie werden in einer Vielzahl von industriellen Fermentationsprozessen eingesetzt. Die Kosten für diese Biomasse sind gering, da sie das Endprodukt eines Fermentationsprozesses ist und entsorgt werden müsste. Die Möglichkeit, Biomasse für etwas anderes als die Entsorgung zu verwenden, könnte der Industrie neue Dividenden bescheren. Unser Interesse an der Verwendung ausgewählter Hefen aus der Gärung von Cachaça beruht auf der Tatsache, dass der Bundesstaat Minas Gerais über eine große Anzahl von Brennereien verfügt, die dieses Getränk herstellen. Nach einer Erhebung der SEBRAE gab es 1995 in diesem Bundesstaat 8.466 Brennereien, die regelmäßig betrieben wurden. Es ist bekannt, dass der Sektor ein hohes Maß an Informalität aufweist, so dass es möglich ist, dass die in der SEBRAE-Erhebung angegebene Zahl unterschätzt wurde (SEBRAE, 2004).

Andererseits waren wir auch an der Verwendung von aus der Region isolierten Hefen interessiert, denn wenn ein Interesse daran besteht, sie für die Biomasseproduktion zu kultivieren, ist ihre Kultivierung in der Regel einfach, mit kostengünstiger Technologie und unter Verwendung preiswerter Kulturmedien möglich (KAPPOR & VIRARAGHAVAN, 1995). Es ist wichtig zu betonen, dass Mikroorganismen, die aus einer Region isoliert werden, in hohem Maße an diese Region angepasst sind, weshalb saisonale Schwankungen wie Temperatur, verfügbare Wassermenge und Feuchtigkeit keinen Einfluss auf den Mikroorganismus haben, da er perfekt an die in der Region vorherrschenden Bedingungen angepasst ist (ZUZUARREGUI & DEL OLMO, 2004).

Wir haben festgestellt, dass Zellen des Laborstamms W303-WT von *Saccharomyces cerevisiae* in der Lage sind, Cadmium aus dem extrazellulären Medium zu entfernen und das Metall zu akkumulieren (Abbildung 8). Die Aufnahme von Cadmium hängt von der Konzentration des Metalls im Medium und der Dauer des Kontakts der Zellen mit diesem Medium ab. Je höher die Cadmiumkonzentration und je länger der Kontakt mit dem Medium ist, desto mehr Cadmium wird von den Zellen aufgenommen. Dasselbe Ergebnis wurde bei Zellen festgestellt, die aus der Cachaça-Gärung und aus der Region isoliert wurden (Abbildung 9). Vergleicht man die in Abbildung 9 dargestellten Ergebnisse mit den Ergebnissen des Cadmiumeinbaus durch die Zellen des Laborstamms in Abbildung 8, so zeigt sich, dass die aus der Cachaça-Fermentation und aus der Region isolierten Zellen viel mehr Cadmium aufnehmen als der Laborstamm. Zur Veranschaulichung: Der Hefestamm *Saccharomyces cerevisiae* W303-WT (Laborstamm) nahm 820 g Cadmium auf, wenn er 20 Stunden lang 100 ppm des Metalls ausgesetzt war (Abbildung 8), und die Zellen des Hefestamms *Saccharomyces cerevisiae* 2041 nahmen 8100 g Cadmium auf, wenn sie 24 Stunden lang 100 ppm des Metalls ausgesetzt waren (Abbildung 9).

Es ist zu erkennen, dass der Hefestamm *Starmerela meliponinorum* die geringste Cadmiumaufnahme hatte (Abbildung 9, 100 ppm Cadmium 24 Stunden und Vergleich mit den anderen Stämmen in derselben Grafik), jedoch war dieser Stamm der einzige, der in Gegenwart einer Konzentration von 100 ppm Cadmiumchlorid wuchs (Tabelle 2). Möglicherweise ist dieses Phänomen darauf zurückzuführen, dass der Stamm, der am widerstandsfähigsten gegenüber einem Metall ist, nicht immer derjenige mit der höchsten Metallaufnahme ist. Möglicherweise nutzen die Zellen einen Mechanismus zur Metallextrusion, der es ihnen ermöglicht, in einer hohen Metallkonzentration zu wachsen, das Metall aber nicht in großen Mengen aufzunehmen (SHIEAISHI et al., 2000). Die Ergebnisse anderer Autoren (GHARIEB, 2001) deuten darauf hin, dass der Cadmium-Efflux ein induzierbarer Mechanismus ist, der bei Vorhandensein eines Cadmium-Gradienten durch die Zellmembran beginnt. Dieser Mechanismus könnte in der Induktion eines aktiven Exportersystems bestehen, das die intrazelluläre Konzentration des Metalls begrenzt. Dieser Mechanismus tritt in cadmiumresistenten Mutanten von *Saccharomyces cerevisiae* auf (SHIEAISHI et al, 2000). Er ist Teil eines der vier Mechanismen, die für die Resistenz einer Zelle gegen ein Metall vorgeschlagen werden (SHIEAISHI et al., 2000). Die anderen drei Mechanismen sind: die Unterdrückung eines metallspezifischen Transportergens, die Induktion spezifischer Proteine, die das Metall binden können, wie Phytochelatine, Glutathion und Metallothioneine, und die Kompartimentierung in Vakuolen, die die zytoplasmatische Konzentration des Ions begrenzt (SHIEAISHI et al., 2000).

Abbildung 9 zeigt auch, dass der Laborstamm *Saccharomyces cerevisiae* S288C ebenfalls weniger Cadmium aufnimmt als aus der Natur isolierte Hefen (vgl. 50 ppm oder 100 ppm Cadmium über 24 Stunden bei allen dargestellten Stämmen). Dieses Ergebnis ist äußerst günstig für die ursprüngliche Hypothese, dass direkt aus der Natur isolierte Hefestämme bei der Aufnahme des Metalls besser abschneiden würden als Laborhefestämme. Denn direkt aus der Natur isolierte Stämme sollten besser an die Schwankungen und Belastungen in der Umwelt angepasst sein.

Die von VIANNA an verschiedenen Hefestämmen, die bei der Fermentation von Cachaça isoliert wurden, erzielten Ergebnisse (VIANNA, 2003) bestätigen die Behauptung, dass die Widerstandsfähigkeit bei Mikroorganismen, die direkt aus der Natur isoliert wurden, größer ist. In dieser Arbeit bestimmte VIANNA (2003) die Synthese von Hitzeschockproteinen bei verschiedenen Simulationen von Stresssituationen, die während der Fermentation zur Herstellung von Cachaça auftreten. Diese Stämme zeigten eine konstitutive Synthese, d.h. in Abwesenheit von Stress, der Hitzeschockproteine hsp 70 und hsp 104. Unter den verschiedenen Stämmen, die der Autor verwendete, waren auch die Hefen *Saccharomyces cerevisiae* 1011 und 2464, die in der vorliegenden Arbeit eingesetzt wurden. Die zelluläre Reaktion auf Stress ist in allen lebenden Organismen evolutionär konserviert, und die Hauptrolle wird den Hitzeschockproteinen (Hsps) und anderen Molekülen zugeschrieben, die einen Schutz gegen Stress bieten, wie z. B. Trehalose. Die von der Zelle ausgelöste molekulare Reaktion bestimmt, ob sich der Organismus anpasst, überlebt oder ob die Verletzung repariert wird oder zum Tod führt (ALOYSIUS, 1999). Die Expression von Hitzeschockproteinen erfolgt normalerweise bei allen Stresssituationen und scheint mit der Aufrechterhaltung lebenswichtiger Zellfunktionen angesichts eines schädlichen Reizes verbunden zu sein (ALOYSIUS, 1999). Die konstitutive Expression von hsp 70 und hsp 104 in verschiedenen Hefestämmen könnte darauf hindeuten, dass Hefen, die aus der Cachaça-Gärung und vielleicht auch aus unserem Lebensraum isoliert wurden, generell resistenter gegen Stress sind. Zusätzlich zur konstitutiven hsp-Synthese weisen die von VIANA verwendeten *Saccharomyces cerevisiae-Stämme*, die aus der Cachaça-Fermentation isoliert wurden, im Vergleich zu Laborstämmen hohe Trehalose-Werte bei Abwesenheit von Stress auf (VIANNA, 2003).

Der Literatur zufolge hängt die Metallaufnahme durch lebende Zellen von der Kontaktzeit (Abbildung 8 und Abbildung 9), dem pH-Wert der Lösung, den Kulturbedingungen, der anfänglichen Metallkonzentration (Abbildung 8 und Abbildung 9) und der Zellkonzentration (Tabelle 3) ab (KAPPOR & VIRARAGHAVAN, 1995).

Um die Auswirkungen der Zelldichte auf die Metallaufnahme zu untersuchen, führten wir das in Tabelle 3 dargestellte Experiment durch. Die Inkubation der Zellen des Laborstamms (*Saccharomyces cerevisiae* S288C) wurde unter Beibehaltung des Volumens, der Expositionszeit und der Cadmiumkonzentration durchgeführt, wobei nur die Masse der in das Medium gegebenen Zellen variierte. Es ist zu erkennen, dass trotz der großen Unterschiede in der verwendeten Zellmasse die aufgenommenen Cadmiummengen im Wesentlichen gleich waren. Dies deutet darauf hin, dass größere Mengen an Zellmasse die Aufnahme von Cadmium durch die Zellen nicht begünstigen. Eine geringe Cadmiumaufnahme in Biomasse mit hoher Zelldichte wurde bereits bei verschiedenen Pilzstämmen beobachtet, wie z. B. *Aspergillus oryzae, Aspergillus niger, Mucor racemosus, Penicillium chrysogenum, Trichoderma viride* (KAPOOR & VIRARAGHAVAN, 1995). KAPPOR & VIRARAGHAVAN (1995) führten dieses Phänomen auf elektrostatische Wechselwirkungen an der Oberfläche der Zellen zurück. Das Vorhandensein einer großen Anzahl von Zellen bedeutet, dass sich der Abstand zwischen ihnen verringert hat, was eine schnelle Aggregation und die Bildung von Klumpen ermöglicht und die für den Kontakt mit dem Metall verfügbare Oberfläche verringert (KIFF & LITTLE, 1986).

Um den Einfluss der Kulturbedingungen auf die Metallaufnahme zu prüfen, wurde das in Abbildung 10 gezeigte Experiment durchgeführt. In diesem Versuchsprotokoll wurden die Zellen 48 Stunden lang in YPG-Medium kultiviert, bis sie die stationäre Phase erreichten (was durch Glukoseabnahme mit einem Indikatorstreifen überprüft wurde), und dann wurden 12 Stunden lang 50 ppm Cadmiumchlorid hinzugefügt. Es ist zu erkennen, dass der Einbau von Cadmium im Vergleich zu Zellen, die in Gegenwart von 50 ppm Cadmiumchlorid gezüchtet wurden, geringer war (Abbildung 9, 50 ppm Cadmium für 24 Stunden). Die Anreicherung von Metallen durch wachsende Zellen variiert mit dem Alter der Zellen. Eine mögliche

Erklärung hierfür ist, dass Veränderungen der Zellmorphologie zu chemischen Veränderungen auf der Zelloberfläche führen, die eine größere Metallaufnahme begünstigen. Die maximale Metallaufnahme erfolgt während der Lag-Phase oder in den frühen Wachstumsstadien und nimmt ab, wenn die Kultur die stationäre Phase erreicht (KAPOOR & VIRARAGHAVAN, 1995). Bei der Verwendung von Zellen in der stationären Wachstumsphase erfolgt die Anreicherung von Metallen in diesen Zellen im Allgemeinen sehr schnell und erreicht das Gleichgewicht zwischen 60 und 120 Minuten, wobei jedoch 90 % dieser Aufnahme innerhalb von 10 Minuten erfolgt (KAPOOR & VIRARAGHAVAN, 1995). Die Biosorption von Metallionen erfolgt durch Oberflächenbindung, einschließlich Ionenaustausch, und Komplexierung mit funktionellen Gruppen auf der Zelloberfläche. Es wird angenommen, dass mehrere funktionelle Gruppen an der Bindung von Metallen beteiligt sein können. Zu diesen funktionellen Gruppen gehören Carboxyl-, Sulfhydryl-, Amin- und Phosphatgruppen (KAPOOR & VIRARAGHAVAN, 1995).

Hefen, Algen, Pilze und Bakterien haben Zellwände mit organischen Säuren und funktionellen Gruppen, die Protonen und Metallkationen aus einer wässrigen Lösung adsorbieren können. Die Aufnahme von Schwermetallen durch Biomasse kann durch einen aktiven Mechanismus (abhängig von der Stoffwechselaktivität der Zelle), der als Bioakkumulation bezeichnet wird, und durch einen passiven Mechanismus (Sorption und/oder Komplexbildung), der als Biosorption bezeichnet wird, erfolgen (VOLESKY & MAY-PHILLIPS, 1995; VOLESKY, 1990a). Bei der Biosorption handelt es sich um die passive Absorption von Metallionen an der Zelloberfläche und bei der Bioakkumulation um den Transport des Metallions durch die Zelle in ihr Inneres (BLACKWELL & TOBIN, 1999). Um zu prüfen, ob es sich bei dem von den Zellen zur Metallbindung genutzten Wirkmechanismus um Bioakkumulation oder Biosorption handelt, wurde das in Tabelle 4 dargestellte Experiment durchgeführt. In diesem Versuchsprotokoll wurden die Zellen in einem YPG-Medium bis zur logarithmischen Phase gezüchtet. ⁰Diese Kulturen wurden dann in einen Autoklaven gelegt (15 Minuten bei einer Temperatur von 121 C und unter hohem Druck), um die Zellen abzutöten. Anschließend wurden diesen Zellen 50 ppm Cadmiumchlorid zugesetzt. Die Zellen blieben 48 Stunden lang in Kontakt mit dem Metall und wurden dann gesammelt, um die Menge des aufgenommenen Cadmiums zu bestimmen. Aus Tabelle 4 geht hervor, dass die toten Zellen eine größere Menge des Metalls aufnahmen als die lebenden Zellen (Tabelle 7). Unsere Daten deuten darauf hin, dass der Biosorptionsmechanismus (Tabelle 4) für die Aufnahme von Cadmium effizient ist. Der Literatur zufolge ist die Biosorption von Metallen durch nicht lebensfähige Zellen dank des Vorhandenseins von funktionellen Gruppen auf der äußeren Oberfläche möglich, die eine Bindung des Metalls ermöglichen (KAPOOR & VIRARAGHAVAN, 1995).

In Tabelle 8 werden die Ergebnisse der Bioakkumulation mit denen der Biosorption verglichen. Der Unterschied zwischen der Akkumulation durch den einen oder den anderen Mechanismus ist nicht so groß, obwohl der Vergleich schwierig ist, da die verwendeten Konzentrationen und Expositionszeiten unterschiedlich waren. Die Verwendung von toten Zellen hat jedoch viele Vorteile, wie weiter unten gezeigt wird.

Abgestorbene Biomasse kann aus industriellen Quellen gewonnen werden, die Hefezellen für den

Gärungsprozess von Lebensmitteln und Getränken verwenden. Die Zellen können durch Temperaturerhöhung (SIEGEL et al., 1986; SIEGEL et al., 1987; GALUN et al., 1983; TOWNSLEY et al., 1986), durch Autoklavieren (HUANG et al., 1988a; TOBIN et al., 1984) oder chemische Substanzen wie Säuren, Laugen, Detergenzien und (AZAB & PETERSON, 1989; BRADY et al., 1994; RAO et al., 1993; HUANG et al., 1988a; MUZZARELLI et al., 1980a; WALES & SAGAR, 1990; TSEZOS & VOLESKY, 1981; ROSS & TOWNSLEY, 1986; GADD et al., 1988), andere organisch-chemische Stoffe wie Formaldehyd (HUANG et al., 1988b) oder sogar mechanische Methoden zum Aufbrechen der Zellen. Alle diese Methoden können die Fähigkeit des Metalls, sich an die in der Wand vorhandenen Gruppen zu binden, in irgendeiner Weise beeinträchtigen, indem sie diese Bindung begünstigen oder behindern. Die Methode des Autoklavierens zum Abtöten der Zellen wurde gewählt, um keine weiteren chemischen Rückstände zu erzeugen. Hätte ich mich für eine chemische Behandlung zur Abtötung der Zellen entschieden, hätte ich diese Chemikalie eingesetzt, die dann ein Abfallprodukt wäre, das auf irgendeine Weise behandelt werden müsste, um es zu neutralisieren.

Die Verwendung von nicht lebensfähiger Biomasse für die Metallaufnahme bietet einige Vorteile gegenüber lebenden Zellen. Systeme mit lebenden Zellen reagieren empfindlicher auf die toxischen Auswirkungen der Metallkonzentration und Bedingungen wie pH-Wert und Temperatur. Lebende Zellen benötigen eine konstante Nährstoffzufuhr, was sich natürlich auf die Betriebskosten auswirkt.

Hefen, Algen, Pilze und Bakterien können Schwermetalle und Radionuklide in erheblichen Mengen aus wässrigen Lösungen entfernen (ADAMIS et al, 2003; ALOYSIUS et al, 1999; GADD, 1986).

Der Gehalt an Metallen und organischen Verbindungen, der im Wasser vorhanden sein darf, hängt von der Verwendung des Wassers ab. [0]In Brasilien werden diese Grenzwerte durch die CONAMA-Verordnung Nr. 357 (2005) festgelegt. [3]Im Allgemeinen weisen Industrieabwässer einen Metallgehalt auf, der über den für die Entsorgung zulässigen Werten liegt. Als Beispiel kann die Arbeit von BENEDETTO et al. (2005) angeführt werden, die das Industrieabwasser der Companhia Paraibuna de Metais im Bundesstaat Minas Gerais mit einem Durchfluss von über 100 m /h charakterisierte. Die Autoren ermittelten die folgende Zusammensetzung: Zn=108mg/L, Ca=208mg/L, Mg=105mg/L, Mn=193mg/L, Fe=2,7mg/L, Cd=36mg/L, Pb= 1,92mg/L. Alle vorhandenen Metalle liegen über den von der CONAMA-Resolution 357 erlaubten Werten. Daher sind für die Entsorgung konventionelle Behandlungen wie die Fällung mit verschiedenen chemischen Verbindungen oder die Entfernung durch handelsübliche Harze erforderlich. Nachfolgend sind die Adsorptionsergebnisse aufgeführt, die von den Autoren erzielt wurden, als sie verschiedene kommerzielle Harze oder Absorptionsmittel unter Verwendung von 100 ml dieses Abwassers und 0,5 Gramm Harz testeten (BENEDETTO et al2005):

Tabelle 9 - Entfernung von Metallen aus dem Abwasser der Companhia Paraibuna de Metais unter Verwendung verschiedener absorbierender Harze.

AdsorptionsmittelSynthetisiert Typ	Funktionelle Gruppe	% Adsorption					
		Zn	Ca	Mg	Mn	Fe	Cd	Pb

Name	Hersteller	Typ	Wirkgruppe							
IR 748	ROHM & HAAS	Chelatbildner	Iminodiessigsäure	26,5	<0.5	1,0	38,6	77,9	26,3	86,2
IRA-120	HOHM & HAAS	Kationische starke Säure	Sulfonsäure	39,2	25,0	34,3	<0.5	18,9	35,5	70,5
S 950	PUROLITE	Chelatbildner	Aminophosphorsäure	35,9	<0.5	6,7	31,6	>99	22,9	83,8
TP 207	BAYER	Chelatbildner	Iminodiessigsäure	13,0	<0.5	<0.5	39,4	>96	1,7	41,7
VPOC 1026	BAYER	Kationische starke Säure	DEHPA	53,7	9,1	9,5	56,0	55,2	7,5	27,6
C 249	SYBRON CHEMIKALIEN	Chelatbildner	Iminodiessigsäure	49,1	64,3	44,8	68,9	90,4	46,4	85,9
ZEOLITE	PETROBRAS	-	-	1,9	15,4	<0.5	40,0	<0.5	<0.5	22,9
KOHLE	BONECHAR BR	-	-	2,3	<0.5	0,5	7,2	>99	41,9	>99

Aus dieser Tabelle (BENEDETTO et al., 2005) ist ersichtlich, dass die beste Entfernung von Cadmium mit dem Harz C 249 erreicht wurde, das unter den von den Autoren verwendeten Bedingungen 3,34 mg/Gramm Harz entfernte. Die mit Hefen erzielten Werte liegen in der Nähe der Werte dieses Harzes oder übertreffen sie sogar. Siehe Tabelle 4, in der 50 ppm Cadmiumchlorid verwendet wurden (der Wert, der der Anfangskonzentration des Abwassers am nächsten kommt), und die Rückhaltung von Cadmium durch die Hefen war höher als die dieses Harzes, mit Ausnahme des Stammes *Pichia kluyvera*. Unsere Ergebnisse sind in Nassgewicht angegeben, was bedeutet, dass dieser Wert, wenn er in Trockengewicht ausgedrückt wird, höher sein wird.

Dieses Ergebnis zeigt, dass Hefen ein großes Potenzial für die Entfernung von Cadmium haben. Natürlich müssen wir betonen, dass unsere Ergebnisse mit einem einzigen Metall erzielt wurden, während das reale Abwasser sieben Metalle enthält. Es ist wahrscheinlich, dass Interferenzen zwischen den verschiedenen Metallen die Aufnahme eines bestimmten Metalls durch die Hefe verringern. Nach Auswertung der in dieser Studie gewonnenen Daten scheint die Verwendung von Hefe als Biosorptionsmittel machbar.

7 SCHLUSSFOLGERUNG

- Cadmium beeinträchtigt selbst in geringen Konzentrationen das Wachstum verschiedener Hefezellstämme, einschließlich der aus der Cachaça-Gärung und der regionalen Umgebung isolierten Stämme.

- Die Anwesenheit von Cadmium induziert die Trehalose-Synthese.

- Das Vorhandensein eines hohen Trehalosegehalts, der durch Cadmium im Laborstamm (W303-WT) induziert wurde, bot den Zellen, die mit dem Metall konfrontiert waren, keinen großen Schutz.

- Die Darreichung von Cadmium in verschiedenen chemischen Formen hatte keinen Einfluss auf die Menge des von *Saccharomyces cerevisiae* W303-WT-Zellen (Laborstamm) aufgenommenen Cadmiums.

- Alle Zellen des in dieser Arbeit verwendeten Stammes (mit Ausnahme des Laborstammes *von Saccharomyces cerevisiae*) tolerierten Konzentrationen von bis zu 50 ppm Cadmiumchlorid.

- Der Hefestamm *Starmerela meliponinorum* wuchs in Anwesenheit von 100 ppm Cadmiumchlorid, zeigte aber bei Verwendung lebensfähiger Zellen einen geringen Cadmiumeinbau im Vergleich zu den anderen Hefestämmen.

- Der Cadmiumeinbau durch lebensfähige Zellen hängt von der Dauer der Metallexposition und der Cadmiumkonzentration im Medium ab. Zeit und höhere Konzentrationen begünstigen den Einbau von Cadmium durch Hefen.

- Der Cadmiumeinbau hängt vom Lebensstadium der Hefe ab. Zellen in der logarithmischen Phase bauen mehr Cadmium ein als Zellen in der stationären Phase.

- Zunehmende Massen begünstigen den Einbau von Cadmium in Zellen nicht.

- Hefestämme, die aus der Cachaça-Gärung und aus der Region isoliert wurden, nehmen im Vergleich zu Laborstämmen höhere Mengen an Cadmium auf.

- Tote Hefen nehmen Cadmium aus dem extrazellulären Medium auf.

- Zwischen den untersuchten Stämmen gab es keine signifikanten Unterschiede beim Cadmiumeinbau.

- Die Ergebnisse deuten darauf hin, dass die Verwendung eines isolierten Hefestamms nicht zu einer stärkeren Aufnahme von Cadmium führen wird.

Die Ergebnisse deuten darauf hin, dass sich Cadmium aus kontaminierten Abwässern am besten durch die Verwendung von Biomasse aus verschiedenen Gattungen und Arten abgestorbener Hefen einbinden lässt.

8 BIBLIOGRAFISCHE HINWEISE

ADAMIS, P. D. B.; PANEK, A. D.; LEITE, S. G. F.; ELEUTHERIO, E. C. A. Factors involved with cadmium absorption by a wild-type strain of *Saccharomyces cerevisiae*. **Brasilianische Zeitschrift für Mikrobiologie**, v.34, S.55-60, 2003.

ALBERTINI, S. **Cadmium-Adsorptionsisothermen durch *Saccharomyces cerevisiae*.** 54p. Dissertation (Master-Abschluss) - Escola Superior de Agricultura "Luiz de Queiroz", Universidade de Sao Paulo. Piracicaba, 1999.

ALEXANDRE, H.; PLOURDE, L.; CHARPENTIER, C.; FRANCOIS, J. Fehlende Korrelation zwischen Trehaloseakkumulation, Zelllebensfähigkeit und intrazellulärer Versauerung, wie sie durch verschiedene Stressfaktoren in *Saccharomyces cerevisiae* induziert wird. **Mikrobiologie**, v.144, n.4, S.1103-1111, 1998

ALKORTA, I.; HERNANDES-ALLICA, J.; BECERRRIL, J. M.; AMEZAGA, I.; ALBIZU, I.; GARBISU, C. Neue Erkenntnisse über die Phytosanierung von Böden, die mit umwelttoxischen Schwermetallen und Metalloiden wie Zink, Kadmium, Blei und Arsen kontaminiert sind. **Reviews in Environmental Sciences and Biotechnology,** v.3, S.71-90, 2004.

ALOYSIUS, R.; KARIM, M. I. A.; ARIFF, A. B. The mechanism of cadmium removal from aqueous solutions by nonmetabolizing free and immobilized live biomass from *Rhizopus oligosporus*. **World Journal of Microbiology & Biotechnology,** v.15, S.571-578, 1999.

ARANHA, S.; NISHIKAWWA, A. M.; TAKA, T.; SALIONE, E. M. C. Cadmium- und Bleigehalte in Rinderleber und -nieren. **Revista Instituto Adolfo Lutz,** v.54(1), S. 16-20, 1994.

$^{+2+2}$ASSMANN, S.; SIGLER, K.; HOFER, M. Cd-induzierte Schädigung der Hefe-Plasmamembran und ihre Abschwächung durch Zn : Untersuchungen an *Schizosaccharomyces pombe* und rekonstituierten Plasmamembranvesikeln. **Archiv für Mikrobiologie**, v.165, n.4, S.279-282, 1996.

ATSDR Agency for Toxic Substances and Disease Registry. **Toxikologisches Profil für Cadmium**, Atlanta: ATSDR, 1997. S.347

ATTFIELD, P. V. Trehalose akkumuliert in *Saccharomyces cerevisiae* während der Einwirkung von Substanzen, die eine Hitzeschockreaktion auslösen. **FEBS Letters**, v.225 n.1-2, S.259-263,1987.

AZAB, M. S.; PETERSON, P. J. The removal of cadmium from water by the use of biological sorbents. **Water Science Technology,** v.21, S.1705-1706, 1989.

BABICH, H.; STOTZKY, G. Umweltfaktoren, die die Toxizität von Schwermetallen und gasförmigen Schadstoffen für Mikroorganismen beeinflussen. **CRC Critical Reviews Microbiology**, v.8, n.7, p.99-145, 1980.

BABICH, H.; STOTZKY, G. Einfluss der chemischen Speziation auf die Toxizität von Schwermetallen für die Mikrobiota. In: NRIAGU, J.O. (Ed.) **Aquatic Toxicology**, New York: Wiley & Sons, p.1-46. 1983.

BELL, W.; SUN, W.; HOHMANN, S.; WERA, S.; REINDERS, A. DE VIRGILIO, C.; WIEMKEN, A.; THEVELEIN, J. M. Composition and functional analysis of the *Saccharomyces cerevisiae* trehalose synthase complex. **Journal of Biological Chemistry,** v.273, S.33311-33319, 1998.

BENAROUDJ, N.; LEE, D. H.; GOLDBERG, A. L. Trehalose-Akkumulation während zellulärem Stress schützt Zellen und zelluläre Proteine vor Schäden durch Sauerstoffradikale. **Journal of Biological Chemistry,** v. 276, n.26, S.24261-24267, 2001.

BENEDETTO, J. S.; MORAIS, C. A.; MELO, F. S. D. Zinc and Heavy Metals Recovery/Removal From Industrial Effluent By Ion Exchange. In: ICHMET

INTERNATIONALE KONFERENZ ÜBER SCHWERMETALLE IN DER UMWELT XIII, 2005, Rio de Janeiro, RJ. **Proceedings...** Rio de Janeiro: Mineral Technology Centre, 2005. CD-ROM.

BANUETT, F. Signaling in the yeasts: an informational cascade with links to the filamentous fungi. **Microbiology and Molecular Biology Reviews,** v.62, n.2, p.249-274, 1998.

BEVERIDGE, T. J. Role of cellular design in bacterial metal accumulation and mineralisation. **Annual Review Microbiology,** v.43, n.3, S.147-171, 1989.

BIRCH, L.; BACHOFEN, R. Complexing agents from microorganisms. **Experientia,** v.46, n.7, p.827-834, 1990.

BLACKWELL, K. J.; TOBIN, J. M. Cadmiumakkumulation und ihre Auswirkungen auf intrazelluläre Ionenpools in einem Braustamm von *Saccharomyces cerevisiae*. **Zeitschrift für industrielle Mikrobiologie & Biotechnologie,** v.23, S.204-208, 1999.

BRADY, D., STOLL, A.; DUCAN, J. R. Biosorption von Schwermetallkationen durch nicht lebensfähige Hefebiomasse. **Environmental Technology,** v. 15, S.429-438, 1994.

BRADY, D.; DUNCAN, J. R. Bioakkumulation von Metallkationen durch *Saccharomyces cerevisiae*. **Angewandte Mikrobiologie und Biotechnologie,** v.41, S.149-159, 1994.

BRENNAN, R. J.; SCHIESTL, R. H. Cadmium ist ein Auslöser von oxidativem Stress in Hefe. **Mutationsforschung,** v.356, n.1, S.171-178, 1996.

BROCK, T. D.; SMITH, D.W.; MADIGAN, M. T. **Biology of Microorganisms,** 4ed. Prentice Hall: New Jersey, 1984. 909p.

CABIB, E.; LELOIR, L. F. Die Biosynthese von Trehalosephosphat. **Journal of Biological Chemistry,** v.231, S. 259-275, 1958.

CETESB. Gesellschaft für Umweltsanierungstechnologie. **Bericht über die Festlegung von Richtwerten für Boden und Grundwasser.** Sao Paulo: CETESB, 2001.

NATIONALER FORSCHUNGSRAT. Ausschuss für In-Situ-Bioremediation. **Situ-Biosanierung**: Wann funktioniert sie? Washington: National Academies Press, 1993. Verfügbar unter:

<http://www.nap.edu/catalog/2131.html>. Abgerufen am: 19. August 2005.

CONAMA. Nationaler Umweltrat. **CONAMA-Resolution 357**: Legt die Klassifizierung der Gewässer und die erforderlichen Qualitätsstufen fest. Verfügbar unter: <http://www.mma.gov/port/conama/res/res86/res2086.html>. Abgerufen am: 13. Juni 2005.

COSSICH, E. S. **Biosorption von Chrom (III) durch die Biomasse der Meeresalge *Sargassum* sp.** 147 S. Campinas: Fakultät für Chemieingenieurwesen, Staatliche Universität von Campinas, Dissertation (Doktorat), 2000.

COUTINHO, C. C.; SILVA, J. T.; PANEK, A. D. Trehalose activity and its regulation during growth of *Saccharomyces cerevisiae*. **Biochemie International,** v.26, S.521-530, 1992.

CROWE, J. H.; CROWE, L. M.; CHAPMAN, D. Preservation of membranes in anhydrobiotic organisms: the role of trehalose. **Wissenschaft,** v.223, S. 701-703, 1984.

CROWE, J. H.; PANEK, A. D.; CROWE, L. M.; PANEK, A. C.; DE ARAUJO, P. S. Trehalose transport in yeast cells. **Biochemistry International,** v.24, S.721-730, 1991.

D'AMORE, T.; CRUMPLEN, R.; STEWART, G. G. The involvement of trehalose in stress tolerance. **Zeitschrift Industrial Microbiology,** v.7, S.191-196, 1991.

DE ARAUJO, P. S.; PANEK, A. C.; CROWE, J. H.; CROWE, L. M.; PANEK, A. D. Trehalose-transportierende Membranbläschen aus Hefen. **Biochemistry International**, v.24, S.731-737, 1991.

DE SOETE, D.; GIJBELS, R.; HOSTE, J. **Neutron Activation Analysis,** New York: John Wiley, S. 177, 1972.

DE VIRGILIO, C.; BURCKERT, N.; BELL, W.; JENO, P.; BOLLER, T.; WIEMKEN. A. Die Störung von *TPS2*, dem Gen, das für die 100kDa-Untereinheit des Trehalose-6-Phosphat-Synthase/Phosphatase-Komplexes in *Saccharomyces cerevisiae* kodiert, führt zur Akkumulation von Trehalose-6-Phosphat und zum Verlust der Trehalose-6-Phosphat-Phosphatase-Aktivität. **Europäische Zeitschrift für Biochemie,** v.212, S.315-323, 1993.

DE VIRGILIO, C.; HOTTIGER, T.; BOLLER, T.; WIEMKEN. A. Die Rolle der Trehalose-Synthese für den Erwerb der Thermotoleranz in Hefen. I. Genetische Beweise, dass Trehalose ein Wärmeschutzmittel ist. **Europäische Zeitschrift für Biochemie,** V.219, S.179-186, 1994.

DEL RIO, D. T. **Cadmium-Biosorption durch *Saccharomyces cerevisiae* Hefen**. 66p. Master's dissertation - "Luiz de Queiroz" School of Agriculture, Universität von São Paulo. Piracicaba, 2004.

DONMEZ, G.; AKSU, Z. The effect of copper (ll) ions on the growth and bioaccumulation properties of some yeasts. **Process Biochemistry,** v.35, S.135-142, 1999.

EHMANN, W. D.; VANCE, D. E. **Radiochemichemistry and Nuclear Method of Analysis,** New York: John Wiley, 1991, 531 S. (Reihe: Chemical Analysis).

ELEUTHERIO, E. C. A.; DE ARAÙJO, P. S.; PANEK, A. D. Role of the trehalose carrier in dehydration resistance of *Saccharomyces cerevisiae*. **Biochimica et Biophysica Acta,** v.1156, S.263-266, 1993.

ELBEIN, A. D. The metabolism of alpha,alpha-trehalose. **Advances in Carbohydrate Chemistry and Biochemistry,** v.30, p.227-256, 1974.

ELLIOT, B.; HALTIWANGER, R. S.; FUTCHER, B. Synergy between trehalose and Hsp 104 for thermotolerance in *Saccharomyces cerevisiae*. **Genetics,** v.144, S.923-933, 1996.

ERASO P; MARTiNEZ-BURGOS M.; FALCÓN-PÉREZ. J. M.; PORTILLO F.; MAZÓN M. J. Ycf1-dependent cadmiun detoxification by yeast requires phosphorylation of residues Ser908 and Thr911. **FEBS Letters,** v.577, S.322-326, 2004).

FERNANDES, P. M. B.; FARINA, M.; KURTENBACH, E. Effect of hydrostatic pressure on the morphology and ultrastructure of wild-type and trehalose synthase mutant cells of *Saccharomyces cerevisiae*. **Letters in Applied Microbiology,** v.32, n.1, S.42-6, 2001.

FRIBERG, L.; PISCATOR, M.; NORDBERG, G. F.; KJELLSTROM, T. **Cadmium in the Environment,** 2 ed. Cleveland, OH: CRC Press, 1974. 94p.

GADD, G. M. The uptake of heavy metals by fungi and yests: the chemistry and physiology of the process and applications for biotechnology. In: ECCLES, H; HUNT, S. **Immobilisation of Ions by Bio-Sorption,** London: Ellis Horwood Limited Publishers, 1986. Kap. 5.2, S.135-147.

GADD, G. M.; CHALMERS, K.; REED, R. H. The role of trehalose in dehydration resistance of *Saccharomyces cerevisiae*. **FEMS Microbiology Letters,** v.48, S.249-254,1987.

GADD, G. M. Akkumulation von Metallen durch Mikroorganismen und Algen. In: **Biotechnology: A Complete Treatise,** ed. REHM, H.; REED, G. v. 6b, p.401-433, 1988.

GADD, G. M. Biosorption. **Chemie und Industrie,** v.2, S.421-426, 1990.

GADD G. M; GHARIEB G. G. Role of glutathione in detoxification of metal by *Saccharomyces cerevisiae*. **BioMetals,** v. **17, p.**183-188, 2004.

GALUN, M.; KELLER, P.; MALKI, D. Removal of uranium (VI) from solution by fungal biomass and fungal wall related biopolymcrs. **Wissenschaft,** v.219, S.285-286, 1983.

GAVRILESCU, M. Entfernung von Schwermetallen aus der Umwelt durch Biosorption.

Engineering in Life Sciences, v.4, n.3, S.219-231, 2004.

GHARIEB, M. M. Pattern of cadmium accumulation and essential cations during growth of cadmium-tolerant fungi. **Biometals,** v.14, S.143-151, 2001.

GOMES, D. S.; FRAGOSO, L. C.; RIGER, C. J.; PANEK, A. D.; ELEUTHERIO, E. C. S.

Regulierung der Cadmium-Aufnahme durch *Saccharomyces cerevisiae*. **Biochimica et Biophysica Acta,** v.1573, S.21-25, 2002.

GROTEN, J. P.; BLADEREN, P. J. Cadmium bioavailability and healt risk in food. **Trends Food Sciences**

Techonogy, v.5, S.50-55, 1994.

HANKS, D. L.; SUSSMAN, A. S. The relationship between growth conidiation and trehalase activity in *Neurospora crassa*. **American Journal of Botany,** v.56, S.1160-1166, 1969.

HINO, A.; MIHARA, K.; NAKASIMA, K.; TAKANO, H. Trehalosegehalt und Überlebensverhältnis von gefriertoleranten gegenüber gefrierempfindlichen Hefen. **Applied and Environmental Microbiology,** v.56, p.1386-1391, 1990.

HOTTIGER, T.; BOLLER, T.; WIEMKEN, A. Rapid changes of heat and desiccation tolerance correlated with changes of trehalose content in *Saccharomyces cerevisiae* cells subjected to temperature shifts. **FEBS Letters,** v.220, p.113-115, 1987.

HUANG, C. P.; WESTMAN, D.; QUIRK, K.; HUANG, J. P. The removal of cadmium (II) from dilute aqueous solutions by fungal adsorbent. **Water Science Technology,** v.20, S.369 376, 1988a.

HUANG, C. P.; WESTMAN, D.; QUIRK, K.; HUANG, J. P.; MOREHART, A. L. Removal of cadmium (II) from dilute solutions by fungal biomass. **Particulate Science and Technology,** v.6, S.405- 419, 1988b.

HOUNSA, C. G.; BRANDT, E. V.; THEVELEIN, J.; HOHMANN, S.; PRIOR, B. A. Role of trehalose in survival of *Saccharomyces cerevisiae* under osmotic stress. **Mikrobiologie,** v.144, S. 671-680, 1998.

HSDB-DATENBANK FÜR GEFAHRSTOFFE. Kadmium. In: TOMES CPS ™ SYSTEM. **Toxikologie, Arbeitsmedizin und Umweltreihe,** Englewood: Micromedex, 2000. CD-ROM.

IKEDA, M.; ZHANG, Z. W.; MOON, C. S.; SHIMBO S.; WATANABE, N. H.; MATSUDA, N. I. Mögliche Auswirkungen der umweltbedingten Cadmiumexposition auf die Cadmiumfunktion im Japanische Allgemeinbevölkerung. **International Archives of Occupational and Environmental Health,** v.73, n.1, S.15-25, 2000.

ILO INTERNATIONALES ARBEITSAMT. **Enzyklopädie der Sicherheit und des Gesundheitsschutzes am Arbeitsplatz,** Genf, 1998. CD-ROM.

INTERNATIONALE ATOMENERGIEBEHÖRDE. Wien, 1987. **Vergleich von nuklearanalytischen Methoden mit konkurrierenden Methoden** (IAES-TECDOC 435).

INTERNATIONALE ATOMENERGIE-ORGANISATION. Wien, 1990. **Praktische Aspekte des Betriebs eines Labors für Neutronenaktivierungsanalyse** (IAES-TECDOC 564).

INOUE, H.; SHIMODA, C. Changes in trehalose content and trehalase activity during spore germination in fission yeast *Schizosaccharomyces pombe*. **Archive der Mikrobiologie,** v.129, S.19-22, 1981.

JAMIESON D. Saving sulfur. **Nature Genetics,** v 31, S. 228-230, 2002.

JARUP, L.; BERLUND, M., ELINDER, C. G.; NORDBERG, G.; VAHTER, M. Health effects of cadmium exposure a review of literature and a risk estimate. **Scandinavian Journal of Work, Environment & Health,** v.24, S.1-51, 1998.

KAPLAN, D.; CHRISTIAEN, D.; ARAD, S. M. Chelating properties of extracellular polysaccharides from *Chlorella* app. **Angewandte Umweltmikrobiologie,** v.53, n.9, S.2953-2956, 1987.

KAPOOR, A.; VIRARAGHAVAN, T. Fungal biosorption - an alternative treatment. Option für schwermetallhaltige Abwässer: ein Überblick. **Bioressourcentechnologie,** V.53 S.195-206, 1995.

KEFALA, M. L.; ZOUBOULIS, A. L.; MATIS, K. A Biosorption von Cadmium-Ionen durch *Actinomycetes* und Abtrennung durch Flotation. **Umweltverschmutzung,** v.104, S.283-293, 1999.

KIFF, R. J.; LITTLE, D. R. Biosorpition von Schwermetallen durch immobilisierte Pilzbiomasse. In: **Immobilisation of Ions by Biosorption (Immobilisierung von Ionen durch Biosorption),** Hrsg. H. H. Eccles; S. Hunt. Ellis Horwood, Chichester, UK, S. 71-80, 1986.

KURODA, K. & UEDA, M. Adsorption von Cadmium-Ionen durch zelloberflächentechnisch veränderte Hefen, die Metallothionein und Hexa-His aufweisen. **Angewandte Umweltmikrobiologie,** v.63 n.2 S.182-186.

KRUGER, P. **Principles of Activation Analysis.** New York: John Wiley, 1971.

KURTZMAN, C. P.; FELL, J. W. The yeasts: a taxonomic study. 4 ed. **Elsevier Science Publishers,** Amsterdam. 1998.

LANE, W. T.; SAITO, A. M.; GEORGE, N, G.; PICKERING, J. I.; PRINCE, C. R.; MOREL, M. M. F. Biochemistry: A cadmium enzyme from a marine diatom. **Nature,** v.435, S.42-42, 2005.

LASKEY, J. W.; REHNBERG G. L. Reproductive effects of low acut doses of cadmium chloride in adult male rats. **Toxikologie und angewandte Pharmakologie,** v.73, S.250-255, 1984.

LESLIE, S. B.; ISRAELI, E.; LIGHTHART, B.; CROWE, J. H.; CROWE, L. M. Trehalose und Saccharose schützen sowohl Membranen als auch Proteine in intakten Bakterien während der Trocknung. **Angewandte Umweltmikrobiologie,** v.61, S.3592-3597, 1995.

LEWIS, J. G.; LEARMONTH, R. P.; WATSON, K. Induktion von Hitze-, Gefrier- und Salztoleranz durch Hitze- und Salzschock in *Saccharomyces cerevisiae*. **Mikrobiologie,** v.141, S.687694, 1995.

LI Z.; LU Y.; ZHEN R.; SZCZYPKA M.; DENNIS J. THIELE UND PHILIP A. R. A new pathway for vacuolar cadmium sequestration in *Saccharomyces cerevisiae*: YCF1-catalysed transport of bis (glutathionate) cadmium. **Proceedings of the National Academy of Sciences of the United States of America,** v. 94, S. 42-47, 1997.

LILLIE, S. H.; PRINGLE, J. R. Reserve carbohydrate metabolism in *Saccharomyces cerevisiae*: responses to nutrient limitation. **Zeitschrift Bacteriology,** v.143, S.1384-1394, 1980.

LINDQUIST, S. L.; CRAIG, E. A. The heat-shock proteins. **Annual Review of Genetics,** v.221, S.631-677, 1988.

LONDESBOROUGH, J.; VARIMO, K. Characterisation of two trehalose in baker's yeast. **Biochemical Journal,** v.219, S.511-518, 1984.

LÓPEZ ALONSO, M.; BENEDITO, J. L.; MIRANDA, M.; CASTILLO, C.; HERNANDEZ, J.; SHORE, R. F. Arsen, Kadmium, Blei, Kupfer und Zink in Rindern aus Galicien, Nordwest-Spanien. **Wissenschaft der gesamten Umwelt,** v.246, S.237-248, 2000.

LUCERO, P.; PENALVER, E.; MORENO, E.; LAGUNAS, R. Internal trehalose protects endocytosis from inhibition by ethanol in *Saccharomyces cerevisiae*. **Angewandte Umweltmikrobiologie,** v.66, n.10, S.4456-4461, 2000.

MACASKIE, L. E.; DEAN, A. C. R.; CHEETHAM, A. K. Cadmiumakkumulation durch eine *Citrobacter* ssp.; die chemische Beschaffenheit des akkumulierten Metallpräzipitats und seine Lage auf den Bakterienzellen. **Journal General Microbiology,** v.133, n.13, p.538-544, 1987.

MANSURE, J. J. C.; PANEK, A. D.; CROWE, L. M.; CROWE, J. H. Trehalose hemmt Ethanolwirkungen auf intakte Hefezellen und Liposomen. **Biochimica et Biophysica Acta,** v.1191, S.309-316, 1994.

MASON, J. O. **Toxikologische Profile**: Cadmiun. Verfügbar unter http://www.atsdr.cdc.gov/interactionprofiles/IP-metals1/ip04-a.pdf . Abgerufen am 13. Juni 2005.

MATIS, K. A.; ZOUBOULIS, A. I. Flotation von Cadmium: Beladene Biomasse. **Biotechnology & Bioengineering,** v.44, n.3, p.354-360, 1994.

MATTIAZZO-PREZOTTO, M. M. **Verhalten von Kupfer, Cadmium und Zink in tropischen Böden bei unterschiedlichen pH-Werten.** 197p. Diplomarbeit (Livre Docência) Escola Superior de Agricultura "Luiz de Queiroz", Universidade de Sao Paulo. Piracicaba, 1994.

McMURRAY, C. T.; TAINER, J. A. Cancer, cadmium and genome integrity. **Nature Genetics,** v.34, n.3, S.239-241, 2003.

MEDTEXT MEDIZINISCHES MANAGEMENT. Kadmium. In: TOMES CPS TM SYSTEM. Reihe Toxikologie, Arbeitsmedizin und Umwelt. **Englewood: Micromedex,** 2000. CD-ROM.

MENDOZA-COZATL, D.; LOZA-TAVERA, H.; HÉRNÂNDEZ-NAVARRO, A.; MORENO-SANCHEZ, R. Sulfur assimilation and glutathione metabolism under cadmium stress in yeast, protists and plants. **FEMS Microbiology Review,** 2004.

MENEZES, M. A. B. C.; SABINO, C. V. S.; FRANCO, M. B.; KASTNER, G. F.; MONTOYA, E. H. R. K0-instrumental neutron activation establishment at CDTN, Brazil: a successful story. **Journal of Radioanalytical and Nuclear Chemistry,** v. 257, n.3, S. 627632, 2003.

MIDIO, A. F.; MARTINS, D. I. **Toxische Stoffe, indirekte Lebensmittelkontaminanten.** In: Lebensmittel-Toxikologie. Sao Paulo: Varela, 2000. Kap. IV, S.163-252.

MIRANDA, C. E. S. **Bestimmung von Cadmium durch Atomabsorptionsspektrophotometrie mit Anreicherung in Ionenaustauschharz unter Verwendung eines FIA-Systems.** 89p. Magisterarbeit - Institut für Physik und Chemie von Sao Carlos, Universität von Sao Paulo. Sao Carlos, 1993.

WATANABA M. Can bioremediation bounce back? **Nature Biotechnology, v.19, S.11111115, 2001.**

MORAIS, P. B.; ROSA, C. A.; LINARDI, V. R.; PATARO, C.; MAIA, A. B. R. A. Charakterisierung und Abfolge von Hefepopulationen, die mit spontanen

Fermentation bei der Produktion von brasilianischem Zuckerrohr-Aguardente. **World Journal of Microbiology & Biotechnology,** v.13, S.241-243, 1997.

MUZZARELLI, R. A. A., TANFANI, F.; SCARPINI, G. Chelating, film-forming, and coagulating ability of the chitosan-glucan complex from *Aspergillus niger* industrial wastes. **Biotechnology & Bioengineering,** v.22 ,p.8858-96, 1980.

NEVES, M. J.; JORGE, J. A.; FRANÇOIS, J. M.; TERENZI, H. F. Effects of heat shock on the level of trehalose and glycogen, and on the induction of thermotolerance in *Neurospora crassa*. **FEBS Letters,** v.283, S.19-22, 1991.

NEVES, M. J.; FRANÇOIS, J. On the mechanism by which a heat shock induces trehalose accumulation in *Saccharomyces cerevisiae*. **Biochemical Journal,** v.288, S.859-864, 1992.

NEVES, M. J.; TERENZI, H. F.; LEONE, F. A.; JORGE, J. A. Quantifizierung von Trehalose in biologischen Proben mit konidialer Trehalase des thermophilen Pilzes *Humicola grisea* var. *thermoidea*. **World Journal of Microbiology & Biotechnology,** v.10, S.17-19. 1994.

OLENA K. VATAMANIUK, ELIZABETH A. BUCHER, JAMES T. WARD & PHILIP A. R. Ein neuer Weg zur Entgiftung von Schwermetallen in Tieren. **THE JOURNAL OF BIOLOGICAL CHEMISTRY** Vol. 276, N. 24, v.15, S. 20817-20820, 2001

OLSON G.J.; BRIERLEY JA.; BRIERLEY C.L. Bioleaching review part B: Progress in bioleaching: applications of microbial process by the minerals industries. **Angewandte Mikrobiologie und Biotechnologie,** V. 63, S. 249-257, 2003.

PALMISANO A. & HAZEN T. Bioremediation of Metals and Radionuclides: What It Is and How It Works (2. Auflage). **Lawrence Berkeley National Laboratory,** 2003.

<http://repositories.cdlib.org/lbnl/LBNL-42595_2003/> Abgerufen am: 19. August 2005.

PANEK, A. D. Trehalose-Metabolismus - neue Horizonte in technologischen Anwendungen. Brazilian Journal of Medical and Biological Research, v.28. p.169-181, 1995.

PARROU, J. L.; JULES, M.; BELTRAN, G.; FRANÇOIS, J. Acid trehalase in yeasts and filamentous fungi: localisation, regulation and physiological function. **FEMS Yeast Research,** v.5, n.6-7, S.503-511, 2005.

PATARO, C.; GUERRA, J. B.; PETRILLO-PEIXOTO, M. L.; MENDONÇA-HAGLER, L.C.; LINARDI, V. R. ROSA, C. A. Hefegemeinschaften und genetischer Polymorphismus von *Saccharomyces* cerevisiae-Stämmen im Zusammenhang mit handwerklicher Fermentation in Brasilien. **Zeitschrift für Angewandte Mikrobiologie,** v.89, S.24-31, 2000.

PETTERSON, A.; KUNST, L.; BERGMAN, B.; ROOMAM, G. Accumulation of aluminium by *Anabaena cylindrica* into polyphosphate granules and cell walls and X-ray dispersive microanalysis study. **Zeitschrift Allgemeine Mikrobiologie**, v.131, S.2545-2548, 1985.

PRASAD, M. N. V. Cadmium toxicity and tolerance in vascular plants. **Environmental and Experimental Botany**, v.35, n.4, p.525-545, 1995.

RAGAN, H. A.; MAST, T. J. Cadmiun inhalation and male reproductive toxicity. **Reviews of Environmental Contamination and Toxicology**, v.114, S.1-22, 1990.

RAO, C. R. N.; IYENGAR, L.; VENKOBACHAR, C. Sorption von Kupfer (II) aus wässriger Phase durch Abfallbiomasse. **Zeitschrift Environmental Engineering Division**, Am. Soc. Civ. Engrs, v.119, p.369-377, 1993.

RIBEIRO, M. J. S.; LEÂO, L. S. C.; MORAIS, P. B.; ROSA, C. A.; PANEK, A. D.

Trehalose-Akkumulation durch tropische Hefestämme unter Stressbedingungen. **Antonie van Leeuwenhoek**, v.75, S.245-251, 1999.

ROELS, H. A.; HOET, P; LISON, D. Usefuness of biomarkers of exposure to inorganic mercury, lead, or cadmium in controlling occupational and environmental risks of nephrotoxicity. **Renal Failure**, v.21, n.3-4, S.251-262, 1999.

ROMANDINI, P.; TALLANDINI, L.; BELTRAMINI, M.; SALVATO, B.; MANZANO, M. DE BERTOLDI, M.; ROCCO, G. P. Auswirkungen von Kupfer und Cadmium auf Wachstum, Superoxiddismutase- und Katalase-Aktivitäten in verschiedenen Hefestämmen. **Comparative Biochemistry and Physiology**, v.103, n.2, p.255-262, 1992.

ROSS, I. S.; TOWNSLEY, C. C. The uptake of heavy metals by filamentous fungi. In: **Immobilisation of Ions by Biosorption**. ECCLES, H; HUNT, S. Chichester: Ellis Horwood, 1986. p.49-57.

SAN MIGUEL, P. F.; ARGUELLES, J. C. Differential changes in the activity of cytosolic and vacuolar trehalases along the growth cycle of *Saccharomyces cerevisiae*. **Biochimica et Biophysica Acta**, v.1200 n.2 p.155-160, 1994.

SEBRAE. **Agroindustrielles System der Cachaça de Alambique; Technische Studie über Alternativen zur Nutzung des Zuckerrohrs.** BH: 2004. Verfügbar unter:

<:http://www.sebraemg.com.br/Geral/ arquivo_get.aspx?cod_documento=15 -> Abgerufen am 15. Juni 2005.

SHIEAISHI, E.; INOUHE, M.; JOHO, M.; TOHOYAMA, H. Das cadmiumresistente Gen CAD2, bei dem es sich um ein mutiertes putatives Kupfertransporter-Gen (PCA1) handelt, kontrolliert den intrazellulären Cadmiumgehalt in der Hefe *S. cerevisiae*. **Current Genetics**, v.37, S.79-86, 2000.

SIDERIUS, M.; VAN WUYTSWINKEL, O.; REIJENGA, K. A.; KELDERS, M.; MAGER, W. H. The control of intracellular glycerol in *Saccharomyces cerevisiae* influences osmotic stress response and resistance to increased temperature. **Molekulare Mikrobiologie**, v.36, n.6, S.1381-1390, 2000.

SIEGEL, S.; KELLER, P.; GALUN, M.; LEHR, H.; SIEGEL, B.; GALUN, E. Biosorption von Blei und

Chrom durch Penicillium-Präparate. **Water Air & Soil Pollution,** v.27, S.69-75, 1986.

SIEGEL, S. M.; GALUN, M.; KELLER, P., SIEGEL, B. Z.; GALUN, E. Fungal biosorption: a comparative study of metal uptake by *Penicillium* and *Cladosporium.* In: PATTERSON, J. W.; R. PASSINO. **Metal Speciation, Separation and Recovery,** Chelsea, Michigan: Lewis Publishers, 1987. p. 339-361.

SILVA, S. M. G.; **The effect of cadmium on alcoholic fermentation and the use of vinasse to mitigate its toxic action.** 142p. Dissertation (Doktorat) - Escola Superior de Agricultura "Luiz de Queiroz", Universidade de Sao Paulo, Piracicaba, 2001.

SINGER, M. A.; LINDQUIST, S. Multiple Effekte von Trehalose auf die Proteinfaltung *in vitro* und *in vivo.* **Molecular Cell,** v.1, S.639-648, 1998.

SPOSITO, G. The chemical forms of trace metals in soil. In: THORNTON, I. **Applied Environmental Geochemistry,** London: Academic Press, 1983. chap 3, p.123-170.

SUSSMAN, A. S.; LINGAPPA, B. T. Role of trehalose in ascospores *of Neurospora tetrasperma.* **Science,** V.130, S.1343. 1959.

THEVELEIN, J. M. Regulation der Trehalose-Mobilisierung in Pilzen. **Microbiology Review,** v.48, S.42-59, 1984.

THEVELEIN, J. M. Regulation des Trehalosestoffwechsels und seine Bedeutung für das Zellwachstum und die Zellfunktion. **The Mycota Biochemistry and Molecular Biology.** v.3, p.395-420, 1996.

TOBIN, J. M.; COOPER, D. G.; NEUFELD, R. J. Uptake of metal ions by *Rhizopus arrhizus* biomass. **Angewandte Umweltmikrobiologie,** v.47, S.821-824, 1984.

TOWNSLCY, C. C.; ROSS, I. S.; ATKINS, A. S. Biorecovery of metallic residues from various industrial effluents using filamentous fungi. In: LAWRENCE, R. W.; BRANION, R. M. R.; ENNER, H. G. **Fundamental and Applied Biohydrometallurgy,** Amsterdam: Elsevier, 1986. p. 279-289.

TSEZOS, M.; VOLESKY, B. Biosorption von Uran und Thorium. **Biotechnology & Bioengineering,** v.23, S.583-604, 1981.

TYLER, G. Bryophites and heave metals: a literature review. **Botanic Journal of Linnean Society,** v.10, S.221-235, 1990.

TYNECKA, Z.; GOS, Z.; ZAJIE, J. Energy: dependent efflux of cadmium coded by a plasmid resistance determinant in *Staphylococcus aureus.* **Journal of Bacteriology,** v.147, n.7, p.313-319, 1981.

U.S. GEOLOGICAL SURVEY. **Zusammenfassungen mineralischer Rohstoffe.** Verfügbar unter: <http://geo-nsdi.er.usgs.gov/metadata/mineral/mcs/metadata.html>. Abgerufen am: 13. Juni 2005.

VAN AELST, L.; HOHMANN, S.; BULAYA, B.; DE KONING, W.; SIERKSTRA, L.; NEVES, M. J.; LUYTEN, K.; ALIJO, R.; RAMOS, J.; COCCETTI, P.; MARTEGANI, E.; MAGALHÂES-ROCHA, N. M.;

BRANDÃO, R. L.; VAN DIJCK, P.; VANHALEWYN, M.; DURNEZ, P.; JANS, A. W. H.; THEVELEIN, J. M. Molecular cloning of gene involved in glucose sensing in the yeast *Saccharomyces cerevisiae*. **Molekulare Mikrobiologie,** v.8, n.5, S.43-927, 1993.

VAN DIJCK, P.; COLAVIZZA, D.; SMET, P.; THEVELEIN, J. M. Differential importance of trehalose in stress resistance in fermenting and nonfermenting *Saccharomyces cerevisiae* cells. **Angewandte Umweltmikrobiologie,** v.61, S.109-115, 1995.

VAN LAERE, A. Trehalose, Reserve- und/oder Stressstoffwechselprodukt? **FEMS Microbiology Review,** v.63, S.201-210, 1989.

VEGLIO, F.; BEOLCHINI, F. Removal of metals by biosorption: a review. **Hydrometallurgie,** v.44, S.301-316, 1997.

VIANA, C. R. **Auswirkung von thermischem und alkoholischem Stress auf den Trehalosestoffwechsel und die Expression von Hitzeschockproteinen in *Saccharomyces cerevisiae-Stämmen*, die bei der Herstellung von Cachaça aus Minas Gerais isoliert wurden.** 91p. Masterarbeit - Abteilung für Mikrobiologie, ICB, Bundesuniversität von Minas Gerais, 2003.

VOLESKY, B. Biosorption und Biosorbentien. In: **Biosorption of Heavy Hetals,** Boca Raton: CRC Press, chap.1.1, p.3-6, 1990a.

VOLESKY, B. Biosorption durch Pilzbiomasse. In: **Biosorption of Heavy Hetals,** Boca Raton: CRC Press, chap.2.3, p.139-171, 1990b.

VOLESKY, B. Removal and Recovery of Heavy Metals Biosorption. In: **Biosorption of Heavy Hetals,** Boca Raton: CRC Press, chap.1.2, p.7-43, 1990c.

VOLESKY, B.; MAY-PHILLIPS, H. A. Biosorption von Schwermetallen durch *Saccharomyces cerevisiae*. **Applied Microbiology and Biotechnology,** v.42, n.5, p.797-806, 1995.

VUORIO, O. E; KALKKINEN, N.; LONDESBOROUGH, J. Cloning of two related genes encoding the 56-kDa and 123-kDa subunits of trehalose synthase from the yeast *Saccharomyces cerevisiae*. **Europäische Zeitschrift für Biochemie,** V. 216, S. 849-861, 1993.

WAIHUNG, L.; CHUA, H.; LAM, K. H.; BI, S. P. A comparative investigation on the biosorption of lead by filamentous fungal biomass. **Chemosphere,** v.39, S.2723-2736, 1999.

WALES, D. S.; SAGAR, B. F. Recovery of metal ions by microfungal filters. **Journal of Chemical Technology & Biotechnology,** v.49, S.345-355, 1990.

WINDERICKX, J.; DE WINDE, J. H.; CRAUNWELS, M.; HINO, A.; HOHMANN, S.; VAN DIJCK, P.; THEVELEIN, J. M. Expression regulation of genes encoding subunits of the trehalose synthase complex in *Saccharomyces cerevisiae*. Neue Varianten der STRE-vermittelten Transkriptionskontrolle? **Molekulare Genetik und Genomik,** v.262, S.470-482, 1996.

DER WELTGESUNDHEITSORGANISATION. **Kadmium.** Genf (Environmental Health Criteria 134) 1992.

WOOD, J. M.; WANG, H. K. Microbial resistance to heavy metals. **Environmental Science Technology**, v.17, n.12, S. 582-590, 1983.

YARROW, D. Methods for the isolation, maintenace, classification and identification of yeasts. *In* The yeasts: a toxonomic study. 4 ed. Edited by C.P. Kurtzman and J.W. Fell. **Elsevier Science B.V.** Amsterdam. S.77-100, 1998.

ZAVON, M. R.; MEADOW, C. D. Vascular sequelae to cadmium fume exposure. **American Industrial Hygiene Association Journal,** v.31, S.180-182, 1970.

ZUZUARREGUI, A.; DEL OLMO, M. Die Analyse der Stressresistenz unter Laborbedingungen ist ein geeignetes Kriterium für die Auswahl von Weinhefen. **Antonie Van Leeuwenhoek,** v.85, n.4, p.271-280, 2004.

I want morebooks!

Buy your books fast and straightforward online - at one of world's fastest growing online book stores! Environmentally sound due to Print-on-Demand technologies.

Buy your books online at
www.morebooks.shop

Kaufen Sie Ihre Bücher schnell und unkompliziert online – auf einer der am schnellsten wachsenden Buchhandelsplattformen weltweit! Dank Print-On-Demand umwelt- und ressourcenschonend produziert.

Bücher schneller online kaufen
www.morebooks.shop

info@omniscriptum.com
www.omniscriptum.com

Milton Keynes UK
Ingram Content Group UK Ltd.
UKHW032226011124
450424UK00002B/409